KB240723

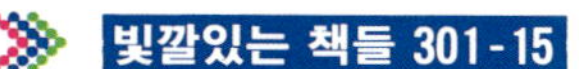

한라산

글/현길언 ● 사진/고길홍

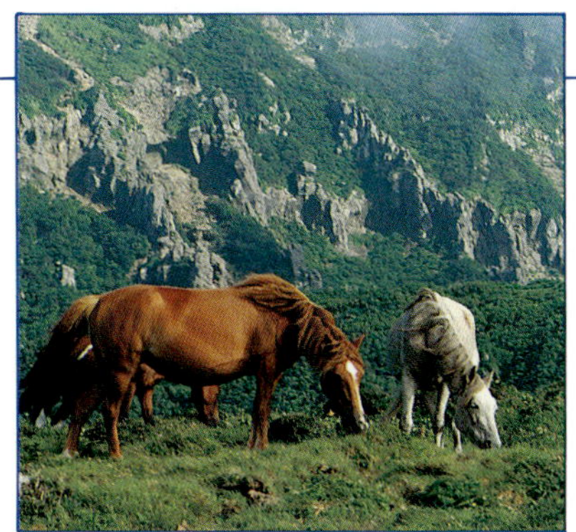

대원사

현길언

제주도 남원읍에서 태어나서 제주대학을 졸업하고 성균관대학에서 석사, 한양대학에서 박사학위를 받았다. 제주도문화상을 비롯, 녹원문학상, 현대문학상, 대한민국문학상 등을 수상했고 제주대학 교수를 거쳐 현재 한양대학 국문과 교수로 재직중이다. 소설집으로는「용마의 꿈」「닳아지는 세월」「껍질과 속살」등 여러 권과 장편「투명한 어둠」「여자의 강」그리고 제주설화 연구서로「제주도장수설화」가 있다.

고길홍

1943년 제주에서 태어났다. 한국사진작가협회 제주지부장, 제주적십자 산악안전대장 등을 역임했고, 대한민국사진전람회 초대작가, 한국산악사진가회 회원, 한국사진작가협회 이사로 있다.

한라산

한라산

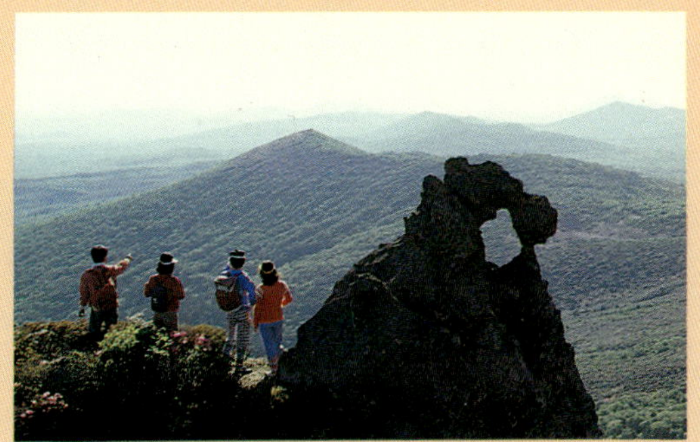

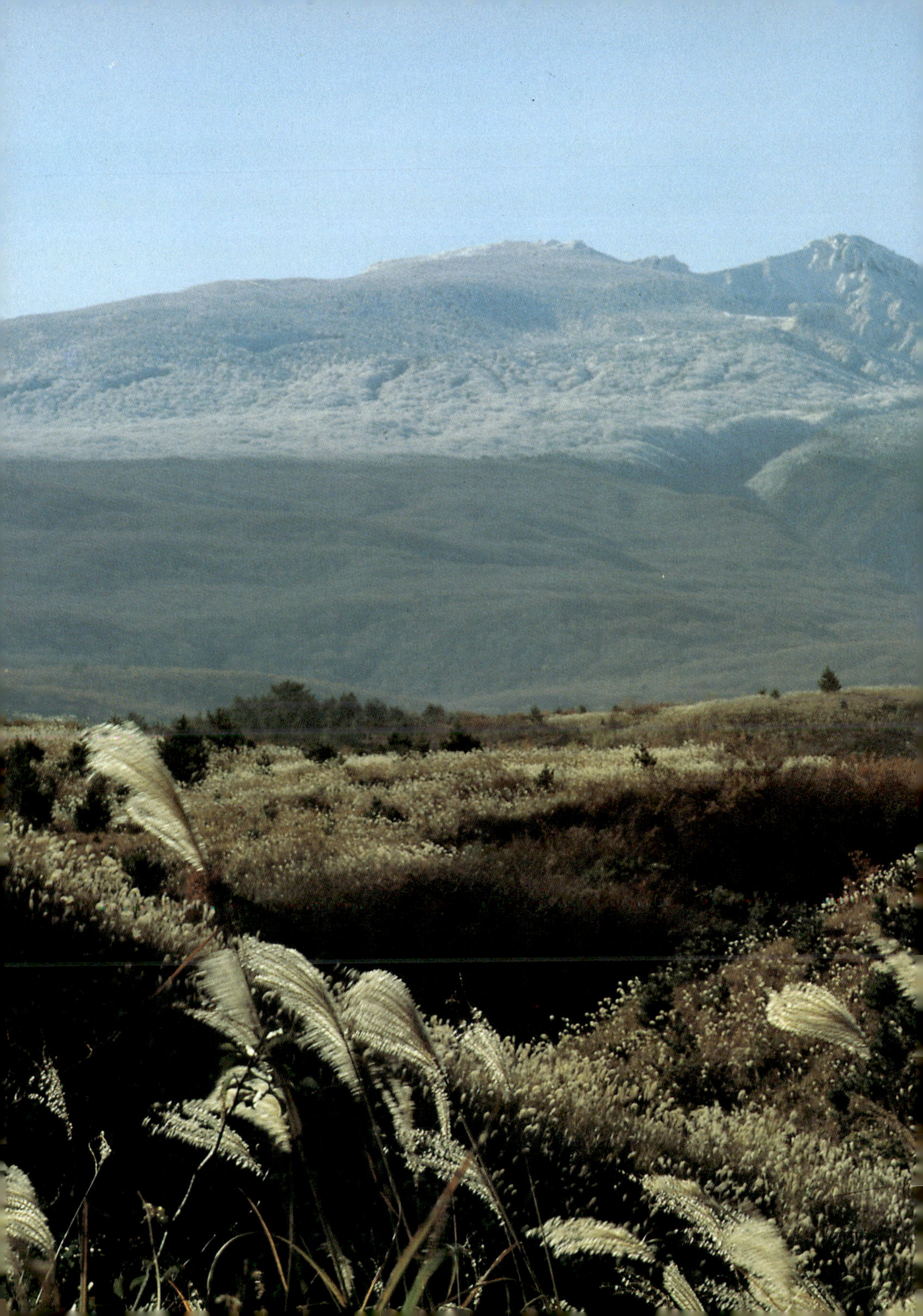

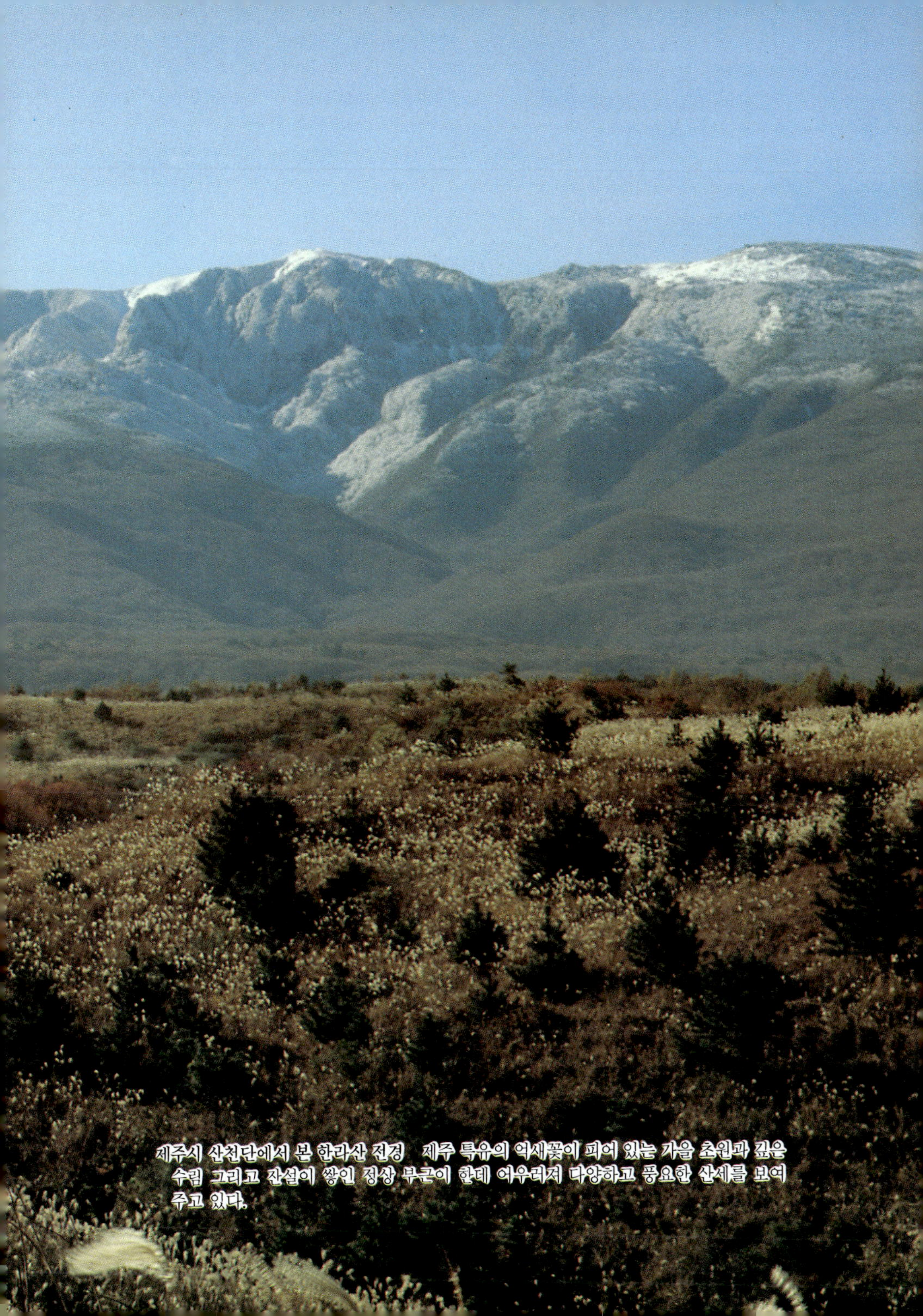

제주시 산천단에서 본 한라산 전경　제주 특유의 억새꽃이 피어 있는 가을 초원과 깊은 수림 그리고 잔설이 쌓인 정상 부근이 한데 어우러져 다양하고 풍요한 산세를 보여 주고 있다.

개관

　한라산(漢拏山)은 제주도(濟州島)이고, 제주도는 바로 한라산이다. 한라산은 죽어 있는 화산이면서 살아 있는 인간들의 숨결과 그 역사를 송두리째 간직하고 있는 특이한 산이다. 제주 사람들은 지금까지 이 산을 바라보며 살아왔고, 앞으로도 그렇게 살아갈 것이다. 제주 어느 곳에서나 이 산은 제주 사람들의 눈과 가슴으로 들어와 안긴다.

　「문헌비고(文獻備考)」에, “조선 영산으로는 열둘이 있는데, 그 첫째는 삼각산이고 둘째는 백두산, 셋째는 원산, 넷째는 낭림산이고 …… 열두 번째는 지리산(山之爲宗於城內者十二, 一曰三角, 二曰白頭, 三曰圓山, 四曰狼林……十二曰智異)”이라는 기록이 있다. 여기에서 ‘원산’은 바로 한라산을 말하는데 옛 「읍지」에 의하면, 이 산의 형상은 그 중심부가 불룩 튀어나와 마치 활이나 무지개처럼 둥글고, 그 아래로는 사방 주위가 차차 낮아져서 마치 원뿔 모양이라는 데서 붙여진 한라산의 다른 이름이라 했다. 지금도 배를 타고 제주 해협으로 들어오면서 처음 한라산을 만날 때나, 맑은 날 추자도나 완도, 진도 등지에서 한라산을 보면 마치 그 모양이 원뿔처럼 되어

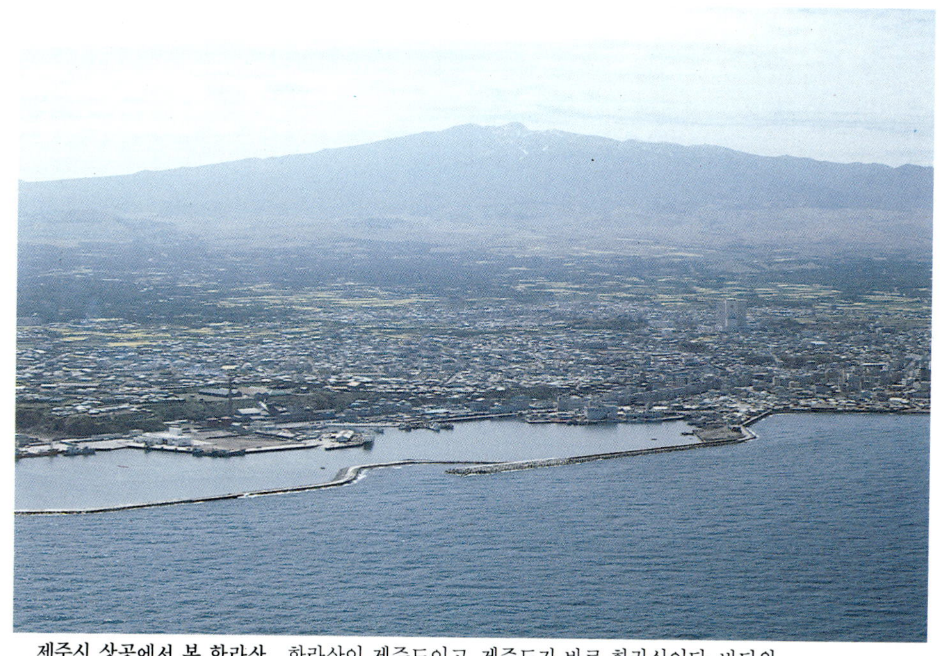

제주시 상공에서 본 한라산 한라산이 제주도이고, 제주도가 바로 한라산이다. 바다와 포구와 도시 그리고 유채꽃 핀 들을 거느리고 여유있게 앉아 있다.

있다고 한다.

조선 3대 명산의 하나인 한라산은 다른 산과 달리 망망한 태평양 바다 가운데 불끈 솟아올라 우리나라 제일 남쪽을 지키고 있다. 바다 밑 저 끝간 지축에서부터 울렁거리는 피맺힌 한(恨)과 주체할 수 없는 욕망을 한데 묶어서 망망대해 한가운데로 뛰쳐올라 이루어 졌다. 해발 1,950미터의 한라산은 휴전선 이남에서는 제일 높다고 한다. 예부터 조선의 3대 명산이라 불려온 바 그대로 외모뿐만이 아니라 인간의 사유로써 헤아릴 수 없는 많은 유형, 무형의 보물과 이야기를 간직한 채 오늘도 침묵으로 버티어 있다.

창공을 날던 비행기가 제주 해협을 건너면서 기내 창을 통해 먼저 눈으로 들어오는 것은, 눈을 지그시 감고 바다 한가운데 나지막하면서도 편안하게 앉아 있는 한라산의 그 여유로운 자태이다. 비행기가 섬에 가까워지고 좀더 고도를 낮추어 가면 반대로 산은 점점 높아 보이는데, 그 산기슭 검은 갯가에 하얗게 부서지는 파도가 더욱 청신하게 사람들 눈을 씻어 준다.

비행기가 섬의 상공에 이르면 한라산이 사람들 가슴으로 안기듯이 다가오고 비로소 산의 높음을 알게 된다. 그 중턱에 펼쳐진 너른 초원과 해안선을 따라 파도가 부서지는 곳곳에 인가들이 모여 도시와 촌락이 이루어진 것을 보게 될 것이다. 바닷물에 발을 담그고 한가하게 누워 있는 듯한 이 산은 해안으로부터 완만하게 올라가면서 결국 1,950미터 최상봉에 이르게 된다. 그래서 산기슭이 바로 바다에 닿아 있는 특이한 산이다. 이 산은 두 팔은 남제주군(南濟州郡)과 북제주군(北濟州郡)에, 두 다리는 제주(濟州)시와 서귀포(西歸浦)시에 뻗어 어미닭이 병아리를 품고 앉아 있듯이 50만 제주 사람들과 그들의 살림 터전을 품고 있다.

목포로부터 약 88마일 그리고 대마도와 부산으로부터 약 170여 마일 떨어진 바다 가운데 솟아 있는 한라산은 제주도 중심부를 차지하고 있다. 정상부의 지리 좌표(地理座標)는 대략 33° 22′ 29″ N 126° 31′ 53″ E가 된다고 한다. 정상 백록담을 중심으로 동서쪽으로 약 14.4킬로미터, 남북쪽으로 약 9.8킬로미터에 달하는, 해발 800미터에서 1,300미터 이상의 지역을 1966년 10월 12일에 천연기념물 제182호 ‘한라산천연보호구역’(14—1)으로 설정하였다. 이는 행정 구역상으로 2개 군과 2개 시에 걸쳐 있으며, 그 면적은 대략 133평방 킬로미터에 달한다고 한다. 우리가 일반적으로 생각하는 한라산은 바로 이 지역을 말한다.

한라산은 화산 분출과 지반 융기에 의해 이루어진 유년기 지형으로 그 정상부는 원추 모양으로 이루어져 있고, 거기에는 화산호(火山湖)인 백록담이 있는 것이 특이하다. 그 정상에서 사방으로 내려오면 다양한 지형과 기기괴괴한 바위와 절벽, 골짜기 등으로 아름다운 산세를 이루고 있다.

이렇게 다양하고 너른 지역을 차지하고 있는 산이기에 그 기후도 다양하다. 아시아 대륙과 태평양에 접하고 있는 동안 해역(東岸海域)에 위치하고 있기 때문에 동안형 기후의 특성을 지니고 있으면서도, 산의 고도와 지형 때문에 온대로부터 한대에 이르는 다양한 기후대(氣候帶)를 이루고 있다.

한라산은 이러한 기후대와 지형에 따라 많은 종류의 생물들의 서식처가 되었다. 한라산 식물의 종수는 약 1,620여 종(種)에 이르며, 이 가운데에 150여 종은 희귀종이라 한다. 동물도 대륙계와 일본계, 남방계가 함께 서식하고 있다고 보고되어 있다.

학자들의 조사 연구에 의하면, 제주도는 제4기 동안에 여러 번 화산 활동과 퇴적 작용을 반복하는 가운데 이루어졌는데, 그 가운데에 한라산은 제3분출 최후기에 몇 번의 화산 폭발에 의해 형성되었다고 한다. 그런데 혹 문헌에 고려 목종조인 1002년과 1007년에 한 번씩 화산이 폭발했다는 기록이 있는데, 그것이 화산 활동에 의한 것인지는 의심스럽다.

화산 활동에 의해서 수많은 원추형 작은 화산들이 곳곳에서 '오름(岳)'들을 이루고 있다. 그 수가 무려 360여 개나 된다. 이들은 한라산 정상 백록담을 향해서 호위하듯, 아니면 그 품에 안기듯이 고도에 따라 적당한 곳에 섬을 빙 둘러가며 앉거나 눕거나 엎드려 있다. 몇 개를 제외하고는 그 정상에 분화구가 있고, 그 가운데 몇몇은 백록담처럼 못이 있다.

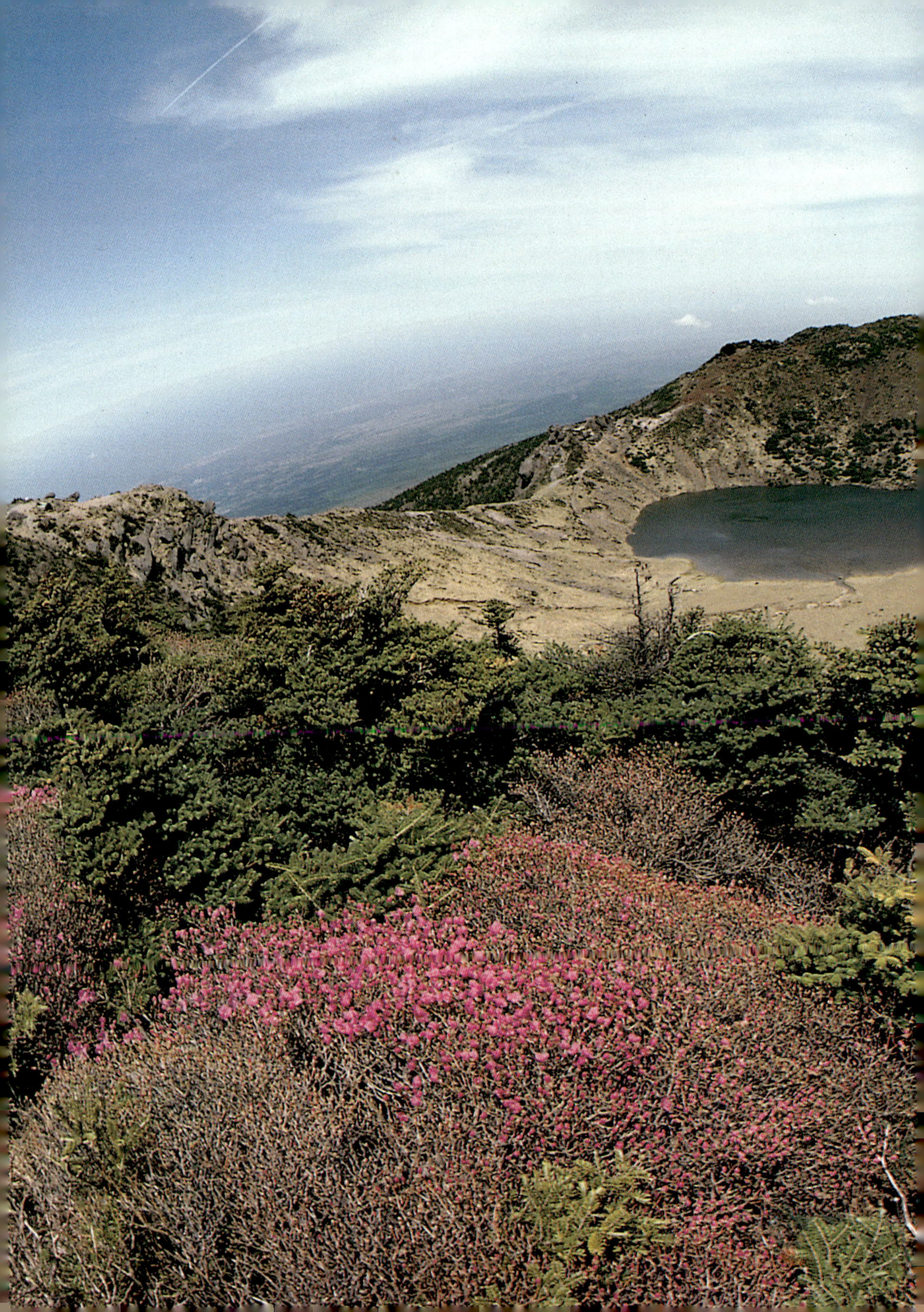

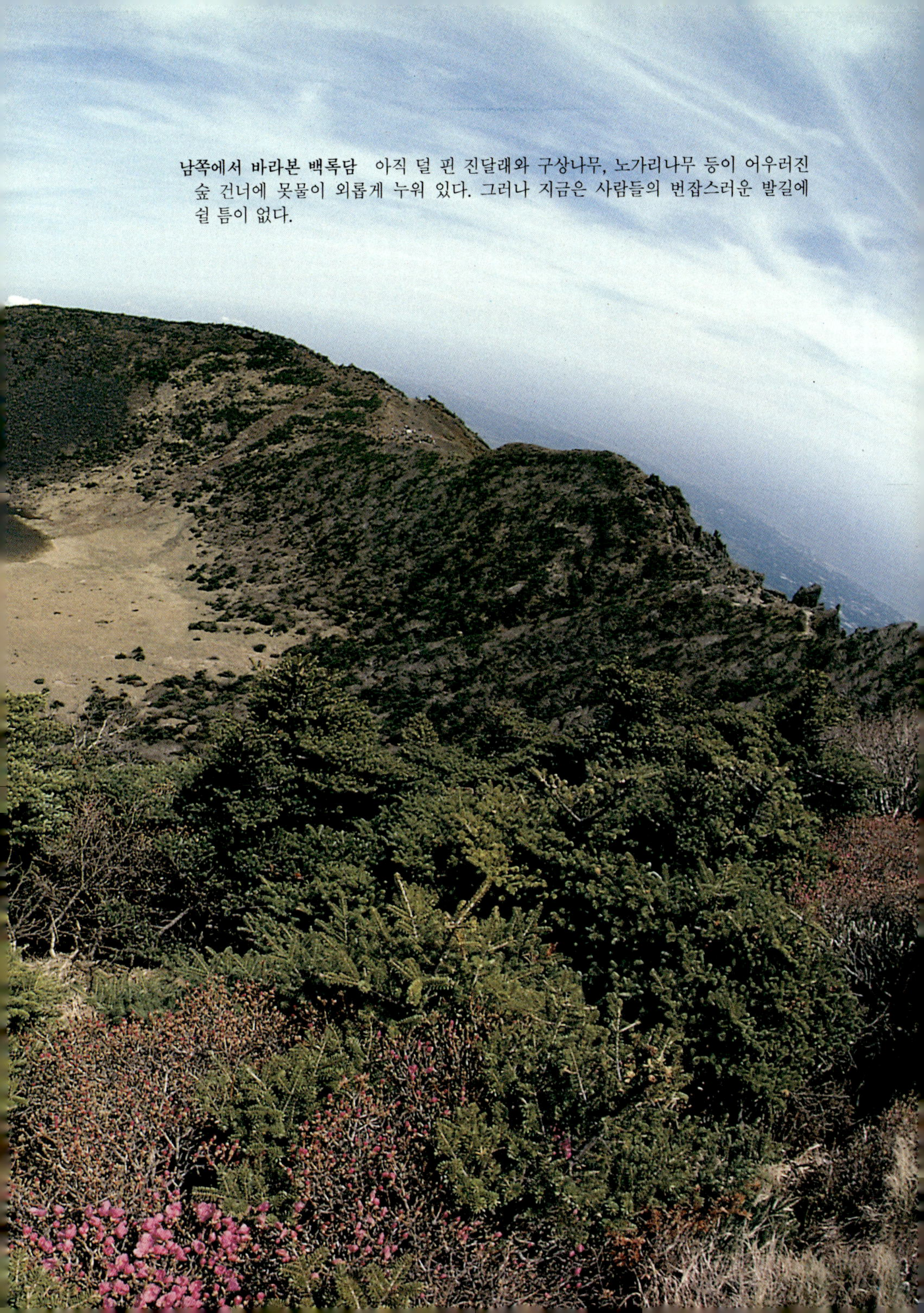

남쪽에서 바라본 백록담 아직 덜 핀 진달래와 구상나무, 노가리나무 등이 어우러진 숲 건너에 못물이 외롭게 누워 있다. 그러나 지금은 사람들의 번잡스러운 발길에 쉴 틈이 없다.

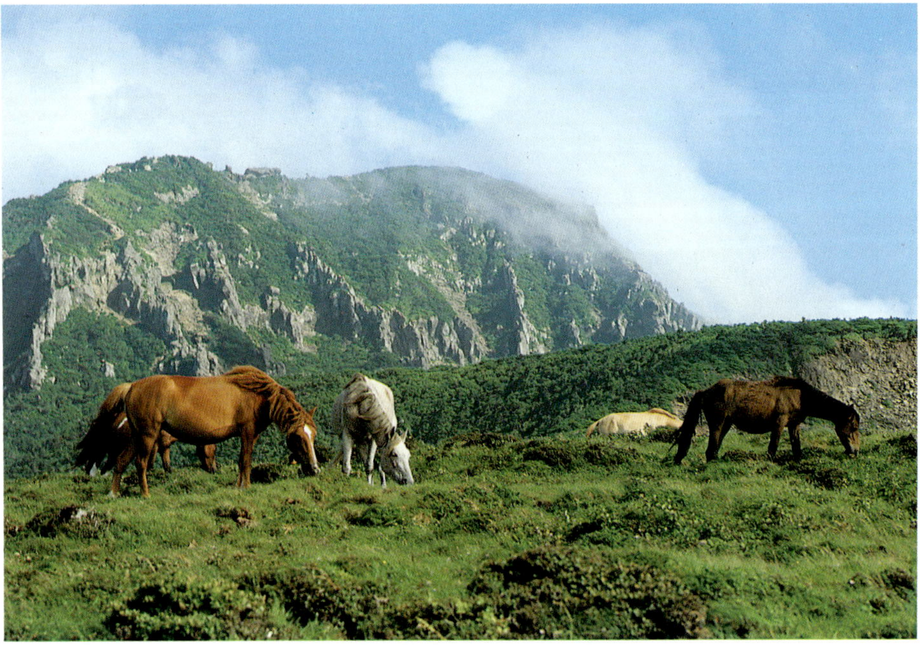

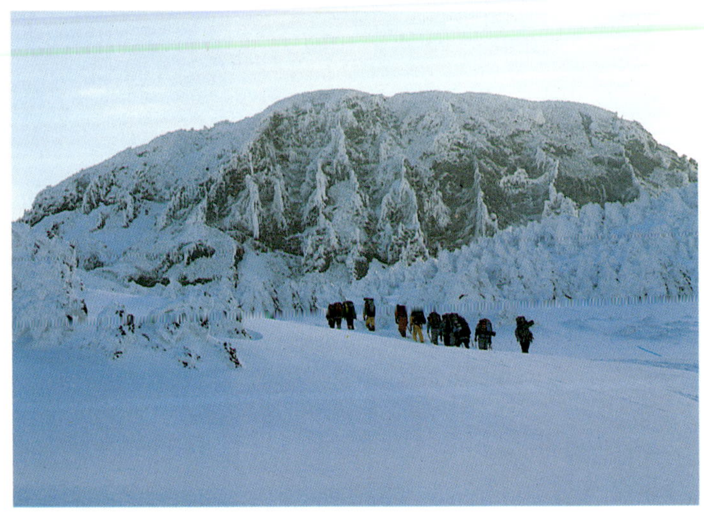

말들이 놀고 있는
부악(한라산) 한
라산은 제주 마소들
의 생활 터전이 된
다.(위)
눈덮인 겨울 한라산
아침(왼쪽)

한라산이란 이름은 원래 '은하수를 잡아 끌어당길 수 있다(雲漢可擎引也)'는 뜻에서 붙여진 이름이다. 그만큼 산이 높다는 점을 강조한 것이다. 그 밖에도 '부악(釜岳)' '두무악(頭無岳)' '영주산(瀛州山)' '진산(眞山)' 등 아름다운 여러 이름을 갖고 있다. '부악'은 산 정상에 깊고 넓은 분화구가 있어서, 그 모양이 마치 솥(釜)에 물을 담아 놓고 뚜껑을 열어 놓은 것과 같다고 해서 붙여진 이름이다. 또 '두무악'은 말 그대로 머리가 없는 산이라는 의미인데, 한라산 정상이 백록담으로 그 모양이 머리가 잘라진 것처럼 보였기 때문이다. 또 '영주산'이란 이름은 중국 「사기(史記)」에서 바다 한가운데 삼신산(三神山)이 있는데 그 이름을 '봉래(蓬萊)' '방장(方丈)' '영주(瀛州)'라 했다는 데서 붙여진 이름이다. 또 '진산'이란 도읍지 뒤에 자리잡고 그 도읍지를 지켜 주는 산을 말한다. 이러한 의미에서 한라산은 바로 조선을 남쪽에서 지켜 주는 산이라 생각해서 붙여진 이름이다. 한라산이 없었다면, 우리나라의 국토가 절반으로 줄어들었을 것이기에, 이러한 이름은 적절하다고 생각한다. 이름으로서만이 아니라, 한라산은 바로 한반도에서 중요한 자리를 차지하고 있는 산임이 틀림없다.

한라산이 제주의 전부이듯이, 산은 제주에 살고 있는 사람들이 누리는 모든 삶과 그 역사를 그대로 간직하고 있다. 씨 뿌릴 밭과 마소가 노니는 들판이 그리고 동식물 서식지가 되는 숲과 물이 있다. 사람들은 산기슭에 터를 잡아 사냥을 하고, 바다에서 고기를 잡으며, 가축을 기르고 농사를 시작했다. 그래서 사람들은 예부터 이 산을 의지해서 살아왔다. 산은 섬사람들에게 삶의 터전이 되어 양식과 물자를 대어 주었을 뿐만 아니라, 직접 보호해 주기도 했다. 그래서 어려운 일을 당하면 섬사람들은 한라산신께 제사를 드렸다. 이렇게 한라산은 제주 사람들 삶 한가운데 깊숙하게 자리잡고 있으면서 그 역사를 간직하고 있다.

제주도 안에서는 어디서나 산이 사람들 눈으로 들어온다. 11월 초순이 되면 벌써 한라산에는 눈이 내린다. 남국의 정취가 풍기는 거리와는 지척인데도, 정상은 벌써 한겨울이다. 여름을 알리는 따뜻한 어느 5월 맑은 날, 우연히 산 정상으로 눈을 돌리면 아직도 아스라이 잔설이 남아 있는 산 정상이 눈에 들어온다. 사람들은 5월의 청량한 햇살을 받으며 돌담에 기대어 산을 보노라면, 초여름의 햇살을 받은 잔설이 더욱 눈부심을 알 것이다.

산에 올랐다고 해서 산을 알 수 있는 것은 아니다. 어쩌다 우리가 4월 말이나 5월 초, 무르익은 봄날에 취해 한라산을 오르면 사람사는 세상과는 전혀 다른 세계를 맛볼 것이다. 핏빛보다 더 붉은 영산홍과 진달래와 잔설이 어우러져 산이 그 다양한 모습을 보여 주는 것에 놀랄 것이다. 신선들이 백록과 더불어 놀았다는 백록담 둔덕에 올라 한 바퀴 돌면 섬이 한눈에 들어온다. 망망한 나무숲의 바다를 눈앞에 두고 그 너머 펼쳐진 초원, 그것을 지나 천진한 아이들이 무릎을 맞대고 앉아 있듯 올망졸망한 오름들과 마을이 친근하게 다가온다. 북쪽으로 눈을 돌리면 회색 바다 저쪽에 떠 있는 다도해의 섬섬섬들이 가깝게 몰려 온다. 그렇게 멀게 느껴지던 뭍이 바로 눈앞에 펼쳐진 것이다. 다시 몸을 돌려 영실(靈室) 쪽을 바라보면, 끝없이 펼쳐진 돌밭(石田)의 그 불가해한 정경에 숙연해진다.

산의 신비, 그 간단하면서 끝간데 없음에 정신을 차리고 발밑을 내려다보면, 냉랭한 산바람에 목을 움츠리고 누운향나무가 수줍게 앉아 있다. 그 너머 의연하게 하늘을 향해 누워 있는 고사목(枯死木)의 섬뜩한 자태가 또한 가슴을 서늘하게 한다. 그 말라 버린 수목의 잔해에서 산의 오묘한 역사 소리를 들을 수 있기 때문이다. 살아서 백 년 죽어 백 년을 산다는 이 고사목은 못다 산 삶을 죽어서 다시 펼쳐 놓고 있는 것이다.

다시 발 아래 푸석푸석 부서지는 용암의 붉은 잔해인 자갈들을

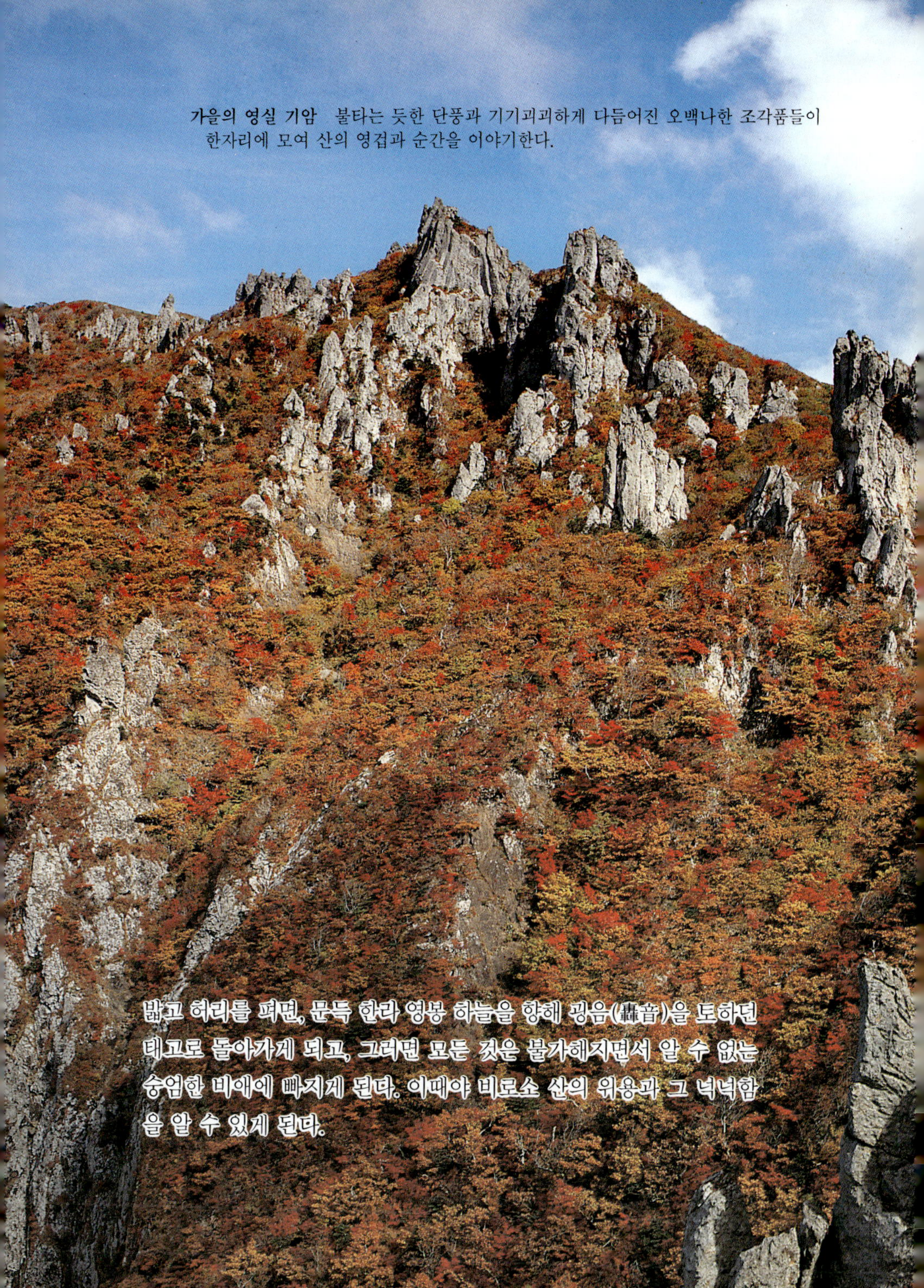

가을의 영실 기암 불타는 듯한 단풍과 기기괴괴하게 다듬어진 오백나한 조각품들이 한자리에 모여 산의 영겁과 순간을 이야기한다.

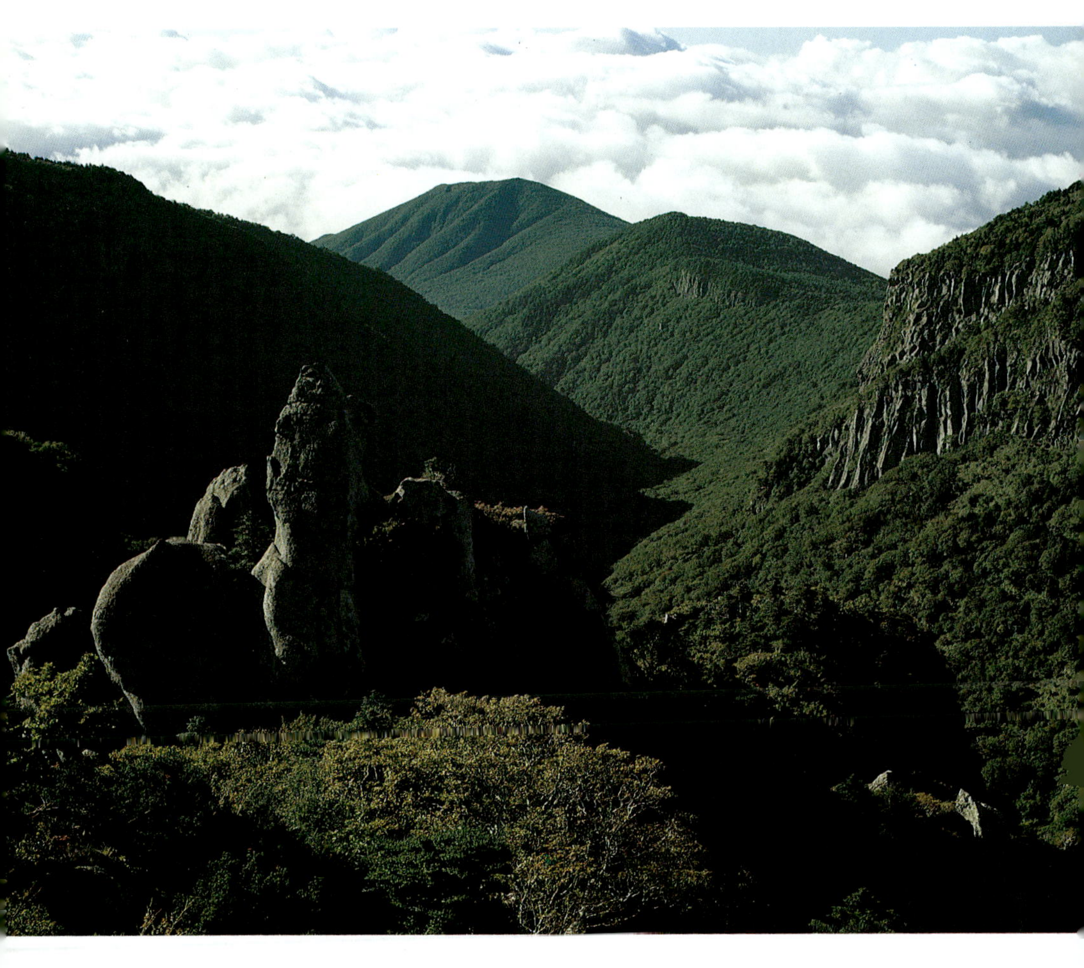

장구목에서 내려다본 어리목 계곡 융단을 펼쳐 놓은 듯 짙은 초록의 녹음이 우거진 계곡에는 여름이 한창이다.

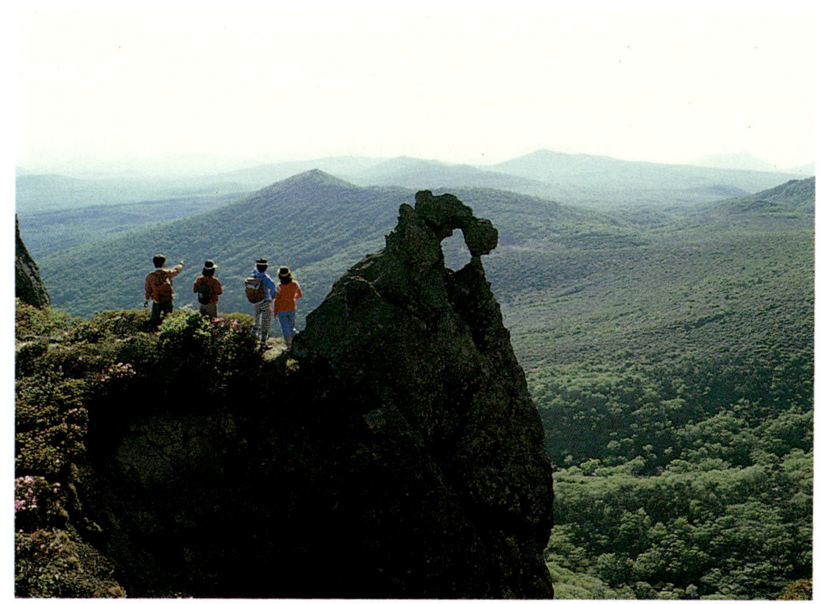

영실에서 조망한 서쪽 경관

이 섬에 사람들이 살기 시작한 이후부터 제주 사람들은 아침 저녁으로 한라산을 바라보며 살아왔다. 산의 표정에 따라 사람들 마음이 달라졌다. 짙은 안개나 구름에 가린 한라산은 항상 불안하다. 맑은 산은 편안하고 안심된다.

바다에서 물장구치며 수영을 하던 아이들도 이 산을 보고, 바다 깊숙히 들어가 해산물을 캐고 물 위로 올라온 해녀들에게 제일 먼저 눈으로 들어오는 것은 이 산이다. 그들은 산을 보고 난 다음에야 퇴악을 찾아 가쁜 숨을 내쉰다. 한여름 불볕 돌짝밭에서 김을 매던 아낙들이 잠시 쉴 때에도 이 산을 본다. 풍파 만난 어부들이 죽음 직전에 마지막 보는 것도 이 산이다. 신혼 부부들이 비행기 안에서 기내 창을 통해 맛보는 제주도의 첫인상도 이 산에서 얻는다.

항상 먼 별빛 그리움에 이마 높푸르다
숱한 폭풍우 가슴에 재우고
잠들지 못하는 눈꺼풀도 차곡차곡
쌓아 놓자니 만상이 내게도 이르는구나
이제 나는 충분히 자유롭다
별을 헤아려 노래 부르게 하고
새들을 날려 하늘 깊숙히
되돌아오게 하는 법을 안다
—'한라산' 한 구절—

　시인 문충성이 노래했듯이 숱한 고통과 번잡스러운 역사를 몸으로 부딪히면서도 그리움에 젖고 꿈과 자유를 누려온 산이 한라산이다. 그가 간직한 역사는 바로 제주 사람들의 역사이다. 백록을 희롱하며 놀았다는 신선들의 환상적인 이야기를 안고 있기도 하며 또한 뭍으로 향하는 '설문대할망'의 갈망의 이야기도 간직하고 있다.

　예전에는 사냥꾼이나 잃어버린 마소를 찾으러 나선 목동들이나, 집을 짓기 위해서 목재를 얻으려고, 병을 고치기 위해 약초를 얻으려고 누비고 다녔던 산이었는데, 지금은 온 나라 아니 온 세계 사람들이 이 산을 탐내어 오르내린다. 이제 한라산은 사람들의 욕심 앞에 늙어가고 있다. 욕심에 짓눌려 있는 사람들은 산의 숨소리를 듣지 못한다. 지금 한라산은 외롭다. 번잡스런 사람들의 발길이 끊일 날이 없는데도, 진정 한라산은 친구 하나 없는 외로움에 떨고 있다.

산세(山勢)

한라산의 다양한 얼굴과 표정

한라산은 언제쯤 형성되었을까. 제주섬에 널려져 있는 돌과 바위들을 방사성 동위원소에 의해 그 생성 절대 연대를 측정해 본 결과, 약 2만 5천 년 전까지 화산 활동이 계속되어 온 것으로 추정하고 있다. 물론 그 이전부터 여러 번에 걸쳐 화산 활동이 진행되면서 한라산을 비롯하여 섬 전체가 제모습을 갖추어 가게 되었을 것이다. 어떤 보고서에 의하면, 역사 이후에도 화산 활동은 계속되었을 것이라고 한다. 제주섬의 화산 활동은 크게 다섯 가지로 나누어 생각할 수 있으며, 적어도 79회 이상 화산 활동에 의해서 용암이 분출되었다고 한다. 이러한 화산 활동기의 마지막 화산 작용으로 이루어진 것이 제주도 곳곳에서 볼 수 있는 기생 화산의 일종인 오름(岳)들이다.

한라산은 제주도 어느 곳에서나 보인다. 그런데 그 외양은 보는 곳에 따라 다르게 나타나며 또한 보는 사람에 따라 다르기도 한다. 그래서 사람들은 각기 자기가 본 그 한라산이 그리고 자기가 사는

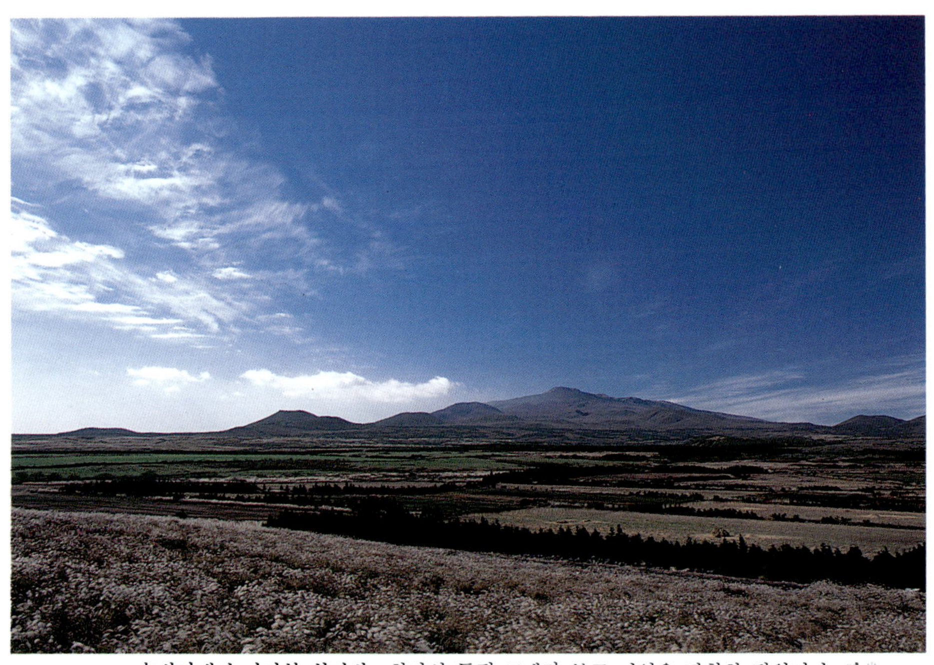

녹산장에서 바라본 한라산 한라산 동편 교래리 부근 지역은 광활한 평원이나. 섬을 실감할 수 없는 이곳에서 보는 한라산은 멀고 나지막하다

그 마을에서 보는 한라산이 가장 아름답다고 생각한다.

차를 타고 해안 일주도로를 따라 제주시에서 동쪽이나 서쪽으로 달리면서 차창 너머로 한라산을 바라보면, 한 마을을 지날 때마다 정확히 말하면 차의 위치가 변함에 따라 한라산의 외형은 달라진다. 더구나 서부 산업도로나 동부 산업도로를 달리다가 문득 눈을 들어 산을 보았을 때, 전혀 다른 산을 만난다. 그리고 좀 뒤에 그 산은 사라져 버리고 전혀 다른 산이 다시 다가오고, 그래서 다시 달아나 버린다. 사람들은 하루 종일 차를 타고 달리면서 수없이 많은 한라산과 만난다. 이처럼 한라산은 그 위치에 따라 각각 다른 모습으로 우리에게 나타난다.

　제주도 북쪽 제주시 부근에서 한라산을 보면, 하늘로 치솟은 정상 봉우리와 그 바로 발밑으로 깊게 패인 계곡이 그대로 드러나서 험준한 한라산세(山勢)의 위용을 그대로 느낄 수 있다. 범속한 인간이 감히 가까이 하지 못할 이질감과 그에 따른 경외감 같은, 그 험한 산준령의 초인적인 힘이나 그 깊숙한 계곡의 신비함 같은 것을 생각하게 한다.

　서귀포에서 한라산을 보면 제주시에서 볼 때와는 아주 다르다. 서귀포 시내를 벗어나 홍로 마을 바로 뒤부터 한라산 밀림이 시작되면서 고도가 급상승한다. 그렇기 때문에 한라산 몸체가 바로 사람들 눈앞에 버티어 있어 아주 산이 가깝게 보인다. 수림을 이루고 있는 나무 등걸이나 그 잎들의 미세한 흔들림까지도 다 눈으로 들어올 듯하다. 그 수림 지대를 지나면 정상이 툭 튀어나와 웅크리고 앉아 있다. 구름이 수림 지대를 가릴 때면, 구름 위나 하늘 한복판에 백록담 정상이 하늘을 머리에 이고 앉아 있음을 보게 된다. 한겨울에도 눈이 내려 며칠 있으면 눈들은 다 숲속으로 가라앉아 버린다. 그러면 눈에 덮인 백록담 정상만이 파란 수림 지대를 깔고 앉아서 섬을 내려다본다.

　광활한 벌판인 교래리(橋來里) 평원이나, 그보다 더 내려가서 송당(松堂) 마을로 내려가는 초원 지대에서 한라산을 보는 맛은 더 유다르다. 교래리 평원은 지금은 제동 목장으로 개발되었으나, 예전에는 일망무제 한없이 트여진 끝이 없는 초원이었다. 평원 어느 곳이나 조금 높직한 동산에 오르면 북쪽으로 조천이나 제주시, 동쪽으로 구좌읍 송당 그리고 남쪽으로 표선면 성읍(城邑)이나 남원읍 수망리(水望里) 지경이 한눈에 들어왔다. 이 평원은 섬의 한복판에 있는 공간이 아니라, 어디 저 미(美) 대륙의 서부 평원으로 생각된다. 여기에서는 제주도가 섬이란 느낌이 전혀 들지 않는다. 사방에 죽 둘러앉아 있는 오름들은 바다를 완전히 차단해 버렸다. 마치

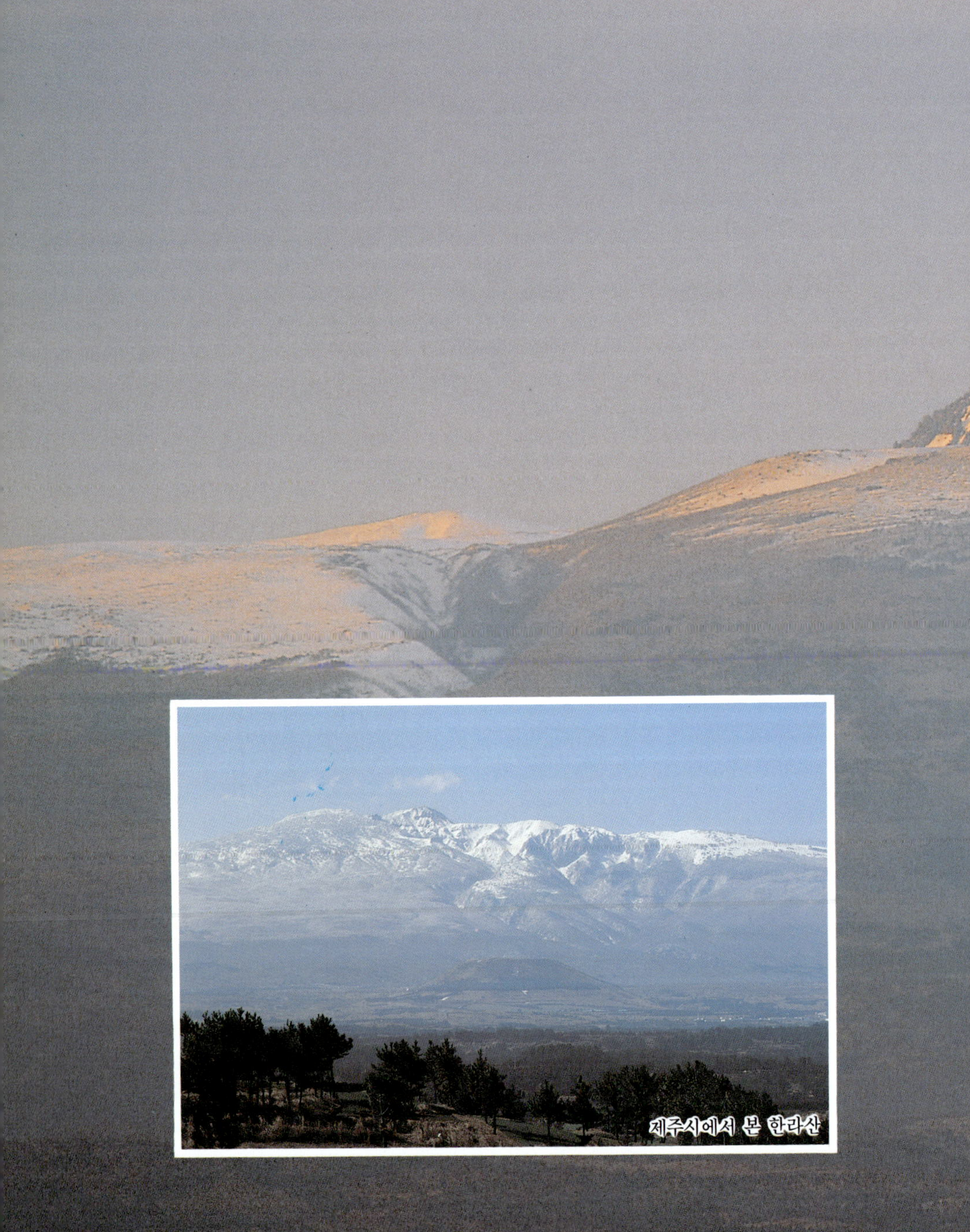

제주시에서 본 한라산

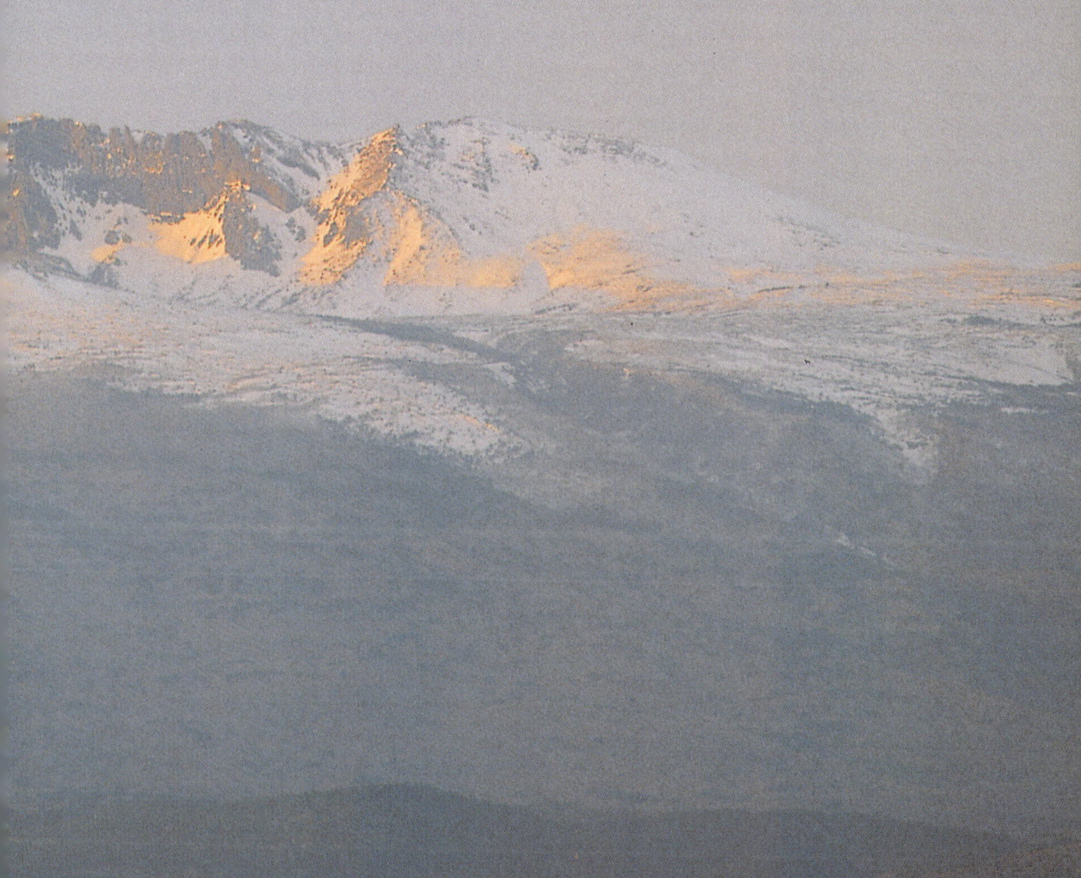

서귀포에서 본 한라산 한라산은 보는 곳에 따라 그 모습이 천태만상이다. 서귀포에서 보면 가깝게 있어 아주 친근하고 편안하나, 제주시 쪽에서 보는 산은 오히려 그 반대이다.

북, 동, 남쪽 그 많은 오름들이 이 평원을 호위하여 있는 듯하다. 그러나 사실은 이 교래리 평원을 위하여 오름들이 있는 것이 아니라, 바로 서편 한라산을 향해서 질서 정연하게 열병을 받기 위해 서 있는 것이다. 이러한 평원에서 한라산을 보는 맛 또한 유다르다.

지금은 관광지로 가꾼 산굼부리 분화구 둔덕에 서서 억새꽃이 손짓하는 그 정경에 정신이 팔려 있다가 문득 눈을 들어 서편을 바라보면, 우선 제자리를 차지해서 앉아 있는 오름들이 편안하게 누워 있는 모습이 먼저 보일 것이다. 그리고 그 오름들 뒤에 더 높고 큰 오름들이 무성한 수림으로 덮여 있고, 그 뒤에 한라산이 아주 멀리 앉아 있음을 알 것이다. 한라산은 차례차례로 적당한 거리에 여러 오름들을 앉혀 두고 어쩌면 그 가슴에, 허리에, 그 발밑에 오름 들을 남겨 두고, 그저 인간 세계와는 무심하게 고개를 약간 쳐들고 하늘과 이야기하면서 앉아 있다. 한라산의 그 초연한 자태를 이곳에 서 느낄 수 있다.

이 평원에서 더 해안 마을로 내려가서 섬 동쪽 끝인 성산포(城山浦)나 세화리(細花里) 지경이나, 서쪽 모슬포나 한경(翰京) 지경에 서 한라산을 보면, 서귀포나 제주시에서 보는 맛과는 아주 다르다. 우선 산은 멀리 앉아 있다. 그리고 번잡한 인간사와는 아주 절연한 듯한 모습으로, 일상사에 허덕이며 살아가는 사람들과는 관계하지 않을 듯이 앉아 있다. 아무리 크게 소리쳐도 대답해 줄 것 같지 않는 다. 여기서는 한라산보다는 그 어미산을 호위하여 질펀한 초원에 어깨를 나란히 하고 앉아 있는 오름들이 먼저 눈에 들어온다. 그든 은 한라산과 사람들의 관계를 혹 멀리 떼어놓기도 하는 듯이 생각된 다. 그 오름들 때문에 한라산이 너무 멀리 있는 것처럼 보여진다. 그러한 오름들 때문에 다시 산의 모습이 달라진다. 하나의 오름과 또 하나의 오름을 돌아가거나 또는 지나면, 그 뒤에 앉아 있는 한라 산을 대하는 맛은 아주 특이하다.

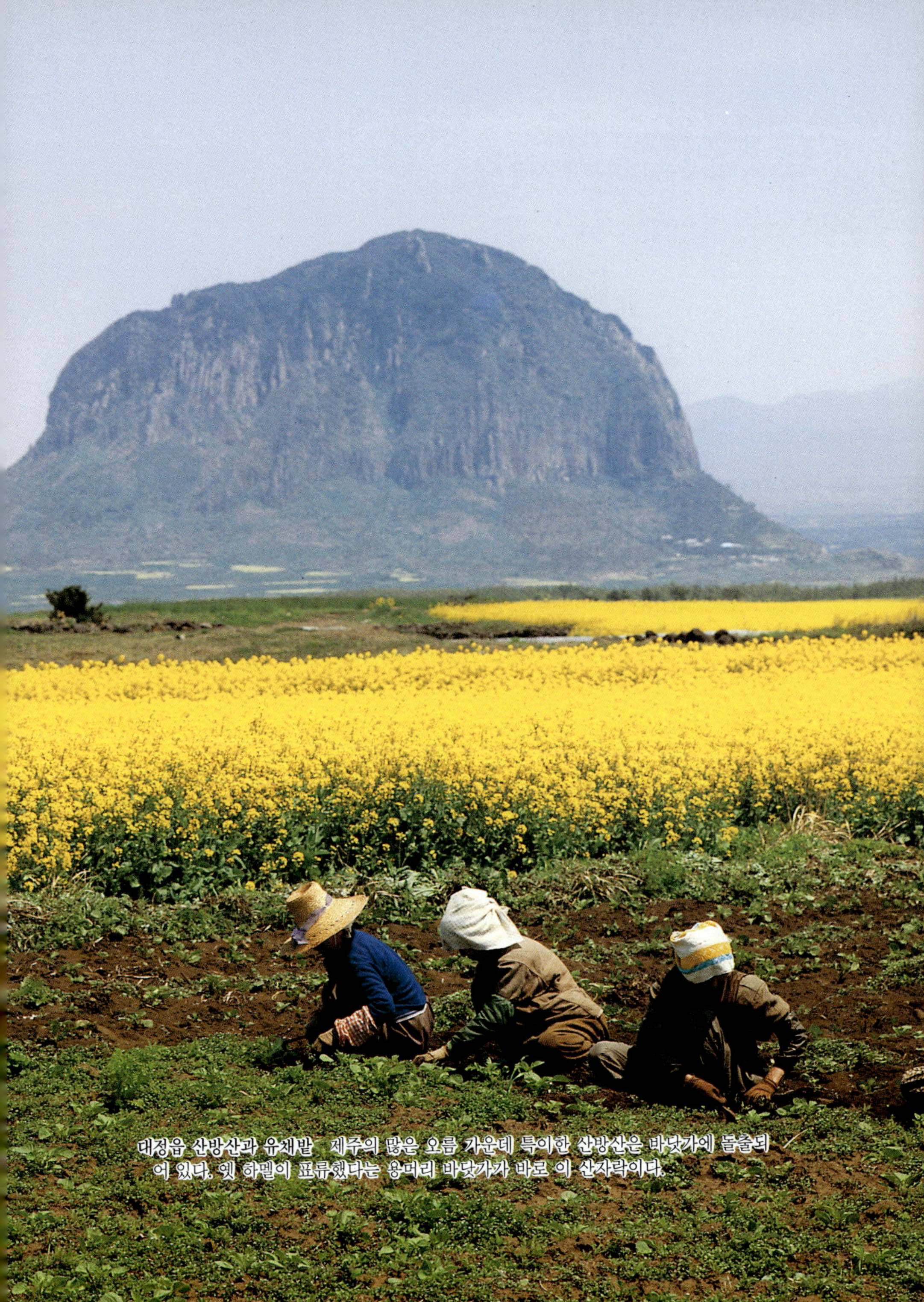

대정읍 산방산과 유채밭 제주의 많은 오름 가운데 특이한 산방산은 바닷가에 돌출되어 있다. 옛 하멜이 표류했다는 용머리 바닷가가 바로 이 산자락이다.

마라도에서 본 아침 한라산 메마른 섬과 풍요한 바다 건너에 아침 햇살을 받고 있는 선잠 깬 한라산이 하늘을 떠받고 앉아 있다.

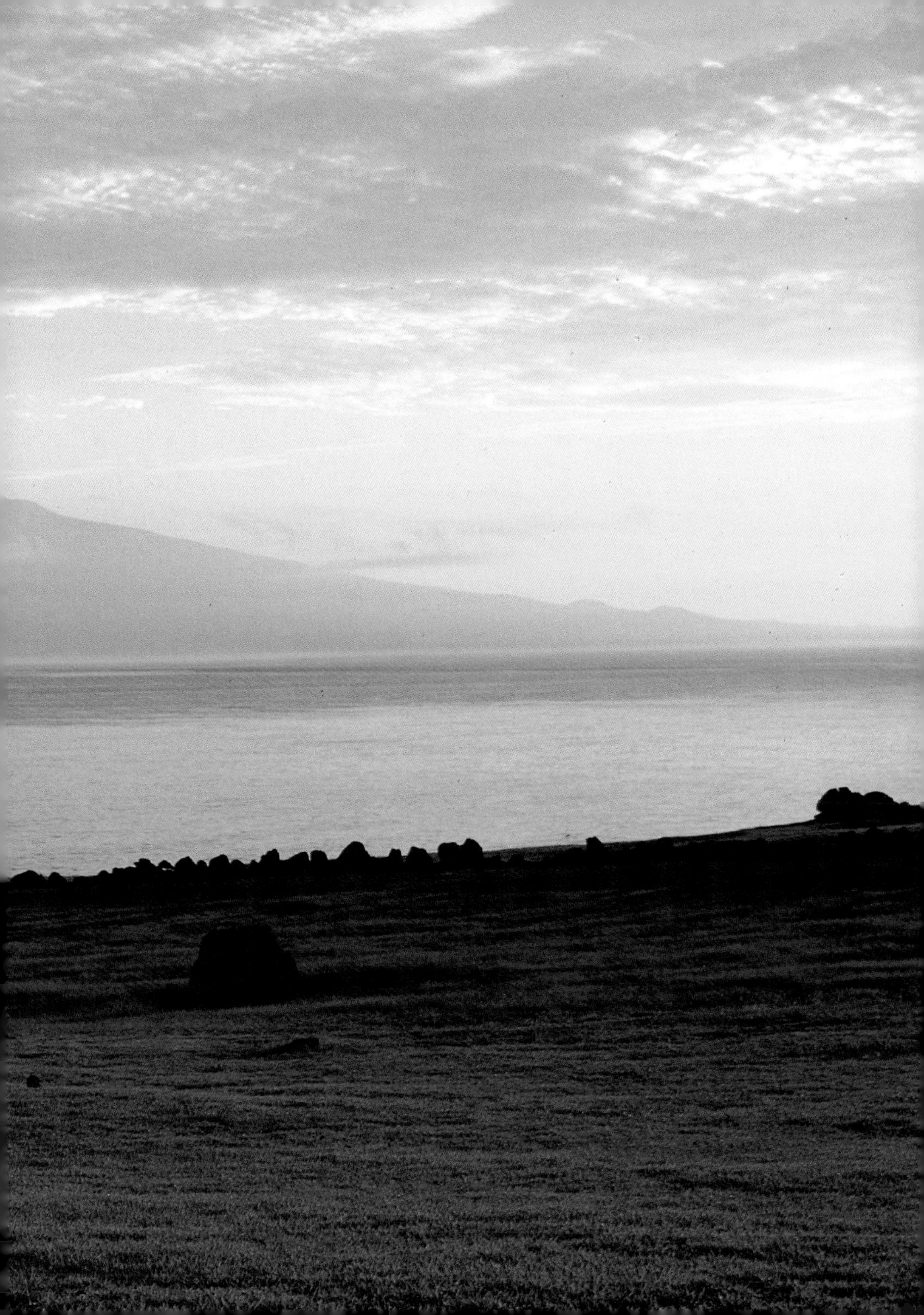

　남원 지경에서 산을 보면 백록담 정상이 무릎 위에 성널오름을 올려 놓고 편안히 앉아 있는 것으로 눈에 잡힌다. 마을과 산 사이에 너른 초원이 차츰차츰 산 정상을 향해 올라가면서 띄엄띄엄 앉아 있는 오름들이 이채롭다.

　한라산의 맛은 한국의 최남단 마라도에서 보는 것이 특이하다. 나무 한 그루 없는 허허벌판 마라도 한가운데서, 허리를 펴고 눈을 씻어 산을 본다. 푸른 물결을 건너 모슬포와 사계(沙溪) 지경 평원 위에 밭 경계를 만들어 놓은 야트막한 밭담들이 눈으로 들어오고, 다시 산기슭 평원 지대를 지나면서 한라산은 멀리 외롭게 떨어져 있다. 그리고 정상이 낮게 보이면서 보는 사람의 허리에 와 닿는 듯한 착각을 하기도 한다. 한참이나 그러한 상념에 빠져 있으면, 한라산이 바다외 평원과 하늘이 힘께 느릿느릿 움직이면서 가슴으로 밀려 오는 듯한 충만감을 느끼게 된다.

　한라산을 보는 맛은 단지 그 위치에 따라 다른 것만은 아니다. 일 년 삼백육십오 일 하루마다 산의 모습은 다르다. 그것은 아마 하늘의 별들처럼 각각의 다른 모습을 보여 준다. 계절따라 다를 것은 말할 나위도 없지만 날씨나 시간따라 그리고 보는 사람의 정황에 따라 각각 다른 얼굴로 나타난다. 그러나 날씨따라 다르게 보인다고 해서 맑은 날의 한라산만이 아름다운 것은 아니다. 오히려 구름에 반쯤 가려진 한라산의 멋은 다시 찾을 수 없다. 비가 내리기 직전에 아주 손에 잡힐 듯이 가깝게 다가온 산의 그 청량함도 별맛이다. 늦 4월 벌써 더위가 다가올 쯤해서, 밭돌담에 기대서서 산 정상 가까운 골짜기에 남아 있는 잔설을 바라볼 때의 그 서늘한 이질감은 더욱 낯설면서 가슴에 오래 남는다.

　이렇게 멀리서 바라보는 한라산의 그 변화 무쌍한 모습도 막상 산속에 들어가서 느끼고 찾게 되는 그 깊고 무궁한 내면의 세계에는 비교가 안 된다. 철따라 달라지는 한라산이 아니다. 시간따라 전혀

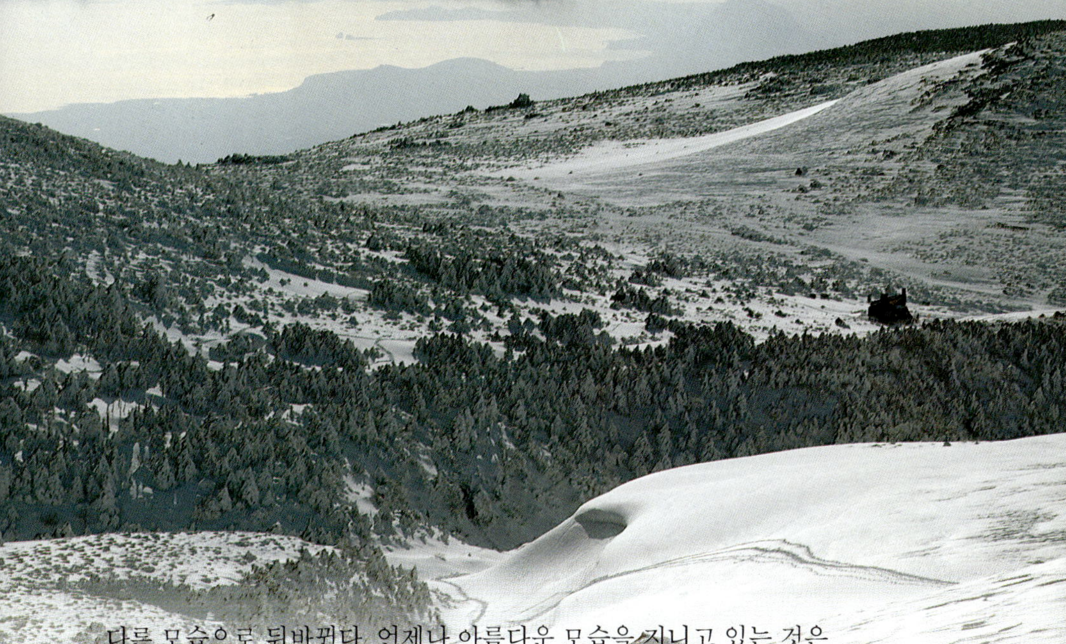

윗상괴에서 바라본 서쪽 산방산 산방산 너머 바다에는 형제섬이 떠 있고 멀리 송악산
　이 구름 밑에 있다.

다른 모습으로 뒤바뀐다. 언제나 아름다운 모습을 지니고 있는 것은
아니다. 웃음짓던 여인과 같이 지친 산사람들의 가슴을 쓰다듬어
주기도 하다가, 갑자기 성을 내면 맹수처럼 사람의 혼을 빼놓는다.
　한겨울이라도, 눈 쌓인 정상 서북벽 아래 장구목 윗세오름 근처
너른 설원은 아주 산을 느낄 수 없을 만큼 한가롭고 평화롭기까지
하다. 그러나 한번 바람이 몰아쳤다 하면, 히말라야의 그 험난한
산의 분노가 그대로 나타난다. 사람을 휘어잡을 뿐 아니라 산 자
체, 아니 제주섬을 몽땅 휩쓸어다가 바다에 내던져 버릴 것 같은
강폭한 혼돈의 공간이 된다. 그 무서운 자연의 본모습을 그대로
보여 준다.

산세와 기후

한라산의 산세는 백록담을 중심으로 동과 서쪽으로 매우 완만한 경사(3° 내지 5°)를 이루고 있으나, 남과 북쪽으로는 그 경사도(5° 내지 7°)가 급하다. 전체적으로 보면 한라산은 씰드 화산에서 흔히 볼 수 있는 아스리테형 화산이라고 한다. 또한 한라산 주봉을 중심으로 360여 개의 기생 화산인 오름들이 띄엄띄엄 널려져 있어 한라산의 또 다른 모습을 특징적으로 보여 준다. 산 정상을 중심으로 마치 층을 이루어 의도적으로 배치해 둔 것처럼, 가까이에서부터 차차 아래로 내려갈수록 더 많은 오름들이 먼 발치에 바라보듯이 섬을 빙 둘러가며 앉아 있거나 누워 있다.

정상에서 북쪽 바로 아래에, 왕관릉과 삼각봉이 부르면 곧 대답할 듯이 대기해 앉아 있다. 그 두 봉우리 사이로 개미등같이 좁은 능선이 뻗어내리고, 그 양쪽으로 험한 탐라 계곡이 형성되어 있다. 이 계곡은 한라산 기슭까지 이어져 내리기 때문에, 그 북쪽으로는 작은 두레왓오름(해발 1,315미터)과 그 좀더 아래로 능하오름(963미터)을 제외하고는 이렇다 할 오름은 없다. 이 탐라 계곡은 한라산 북편의 모습을 대신하면서, 산의 특징적인 면모를 보여 준다.

탐라 계곡은 한라산에서 제일 깊고 큰 계곡이다. 개미등 동쪽 계곡은 정상 화구벽 북면에서, 서쪽 계곡은 해발 1,300미터 개미목 서쪽에서 시작된다. 이 두 계곡은 개미등을 사이에 두고 내려와서 개미등 능선이 끝나는 해발 850여 미터 즈음에서 서로 합류하여 제수시 한전내의 발원지가 된다. 계곡의 길이는 동쪽이 약 3,500여 미터, 서쪽 계곡이 3,000여 미터에 이르고, 그 폭은 보통 200 내지 300여 미터나 된다.

계곡의 암석은 조면질안산석(粗面質安山石)으로 화산 용암이 흘러 이루어졌다. 계곡의 벽이나 바닥도 용암이 분출할 때 생긴

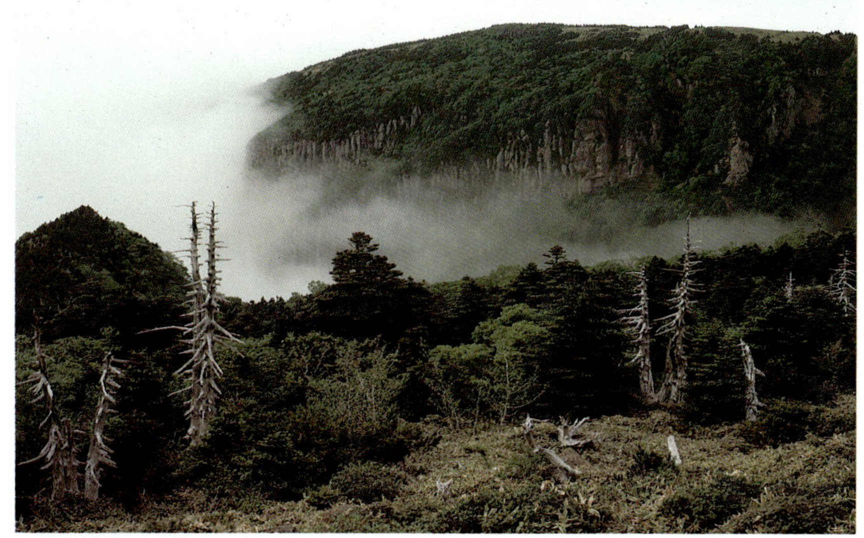

구상나무 숲과 고사목 구상나무는 살아서는 기품있는 모습으로, 죽어서는 오히려 신비한 얼굴로 산사람들을 맞이한다.

암석이 비바람과 냇물에 씻겨 단단하고 매끄럽게 된 큰 바위로 되어 있다. 계곡 안에는 수목이 울창하게 어우러져 있는데 그 가운데에 변산일엽, 졸참나무, 단풍나무, 서나무, 산딸기나무, 물참나무 등이 대표적인 것들이고, 고도가 높을수록 주목, 구상나무 등 한대성 식물들이 계곡 양편에 우거져 있다.

이 계곡은 하류로 내려와도 이렇다 할 지류로 갈라지지 않았다. 그래서 지류가 없다고 해서 속칭 '한내'라는 별명도 갖고 있다. 보통 때는 마른 내이지만, 비가 조금만 내려도 물이 불어서 급류가 넘친다. 처음 한라산 등산이 시작될 때에는 이른바 관음사 코스인 이 길을 이용했다. 그 당시에도 등산객들은 개미등 능선에 이르면 힘이 부친다. 잠시 쉬는 틈을 타서 양편에 드러누운 험한 계곡으로 눈을

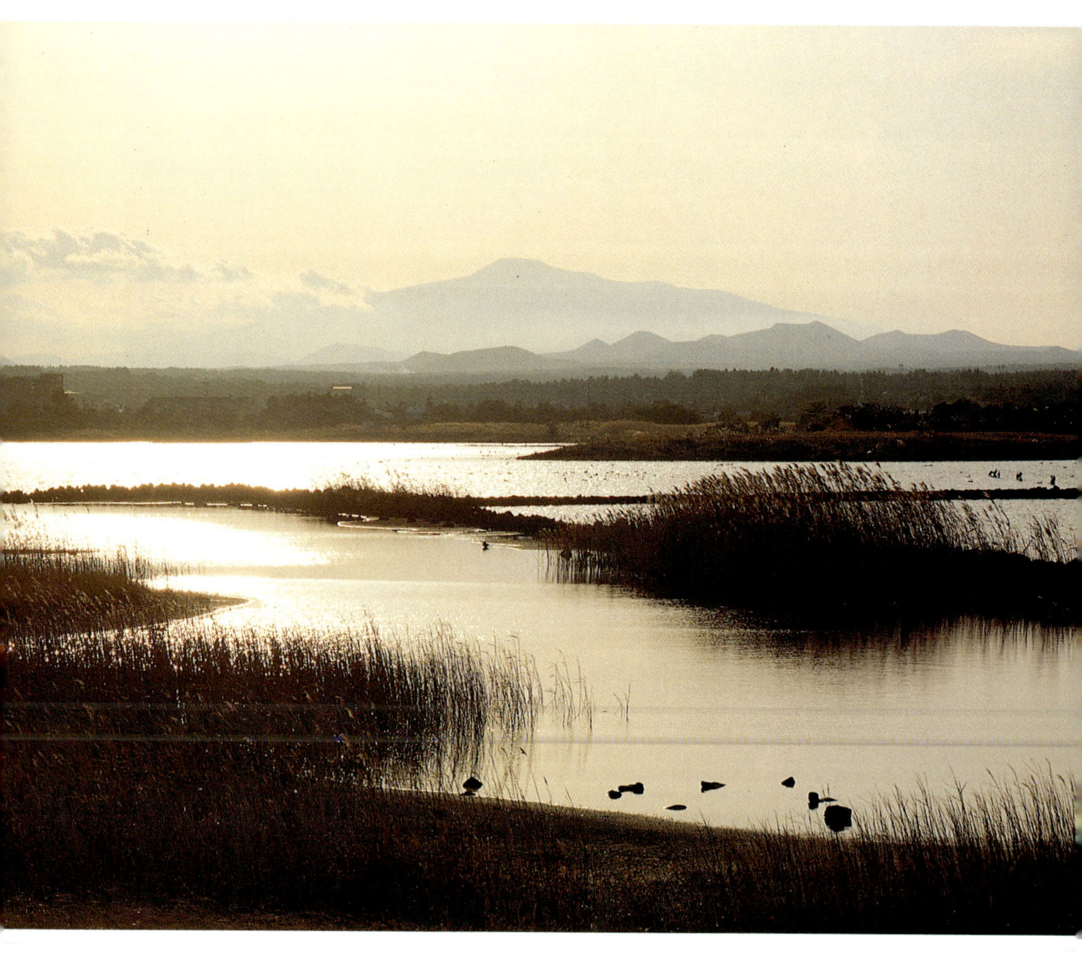

성산포에서 본 한라산 　한라산과 제일 멀리 떨어져 있는 제주 동쪽 끝 성산포 바닷가에 접한 양어장 부근에서 본 한라산은 많은 오름들이 열병하듯 서서 한라 큰산을 지키고 있는 듯하다.

주면 어질어질해진다. 계곡의 깊음을 헤아릴 수 없고, 그 속에 들어앉아 있는 우거진 수목들에 놀랄 것이다. 소리를 지르면 산이 온통 그 밑뿌리부터 울린다. 그 정도로 이 계곡은 한라산의 밑뿌리에 닿아 있는 골짜기이다.

이 계곡에 안개라도 자욱하게 끼인 날이면 그 신비감은 더하고 산의 은밀한 한 면을 보여 준다. 이미 오래 전에 이 계곡 탐사가 끝났다고 하지만, 계곡은 사람들이 알지 못하는 비밀을 더없이 간직하고 있다. 인간이 캐어낸 것들은 역시 인간 사유의 한계 안에서 얻어낸 것으로, 그 무한한 산의 모습 가운데에 아주 작은 한 조각에 불과할 것이다. 그러기에 계곡은 그냥 바라보고, 생각하고 그래서 모르는 채 남겨 둬야, 오히려 알고 있는 것보다 더 많은 것을 느끼고 찾을 수 있을지도 모른다. 그런데 경사가 완만한 백록담 정상 서쪽으로 윗세오름(1,714미터)을 지나 서쪽과 서북편으로는 볼래오름(1,362미터), 어스렁오름(1,335미터), 망체오름(1,340미터)과 사제비오름(동산)이 연이어 있다.

남쪽으로도 경사가 심해서 방애오름(1,656미터)을 제외하고는 그만한 고도에는 별 오름들이 없다. 한라산 밀림 지대를 벗어나 초원 지대에 이르면 많은 오름들이 있다. 또한 경사가 좀 완만한 정상 동편 쪽으로는 서편과 같이 많은 오름들이 있다. 붉은오름(1,391미터), 사라오름(1,338미터)이 있고 좀더 내려가면 성널오름(1,215미터)이 있다.

이러한 오름들은 고도가 낮을수록 다양한 모양으로 더 많은 오름들이 적당하게 자리잡고서 한라산 영봉을 겹겹이 옹위하고 있다. 이들 오름보다 고도가 낮은 데 있는 오름으로는 북쪽에 능하오름, 서북쪽에 어승생오름, 서쪽으로 붉은오름, 노로오름, 삼형제오름 등이 차례로 버티어 앉아 있다. 그리고 그와 비슷한 고도의 동북편에서 동남편에 이르러서는 물장우리오름, 물오름, 동수악(東水岳),

논고악(論古岳), 보리악(保狸岳) 등이 있다. 다시 이들 오름보다 더 고도가 낮은 중산간 부락이 형성된 지역에 이르면, 더 많은 오름들이 한라산 정상을 바라보면서 그만그만하게 서 있다.

이러한 오름 가운데에는 백록담처럼 분화구를 가진 오름들이 많은데 그 가운데에도 사라오름과 물장우리, 동수악 그리고 더 아래로 내려와서 남원읍 수망리 지경에 있는 물영아리오름(水靈岳)에는 분화구가 백록담처럼 못으로 되어 있는 것이 특이하다. 이러한 오름들은 바로 한라산세의 그 다양하고 복잡한 모습들을 무궁무진하게 만들어 내는 데 한몫을 한다. 또한 한라산과 멀리 떨어져 사는 섬사람들에게 한라산의 정기를 전해 주고 있다. 곧 한라산 정상과는 멀리 떨어져 있는 사람들에게 그 마을 가까이 있는 오름들을 통해서 한라산이 간직하고 있는 많은 산의 모습과 믿을 제공해 주기 때문이다. 그런데 그 오름들은 한라산 모양과는 아주 다르다. 한라산 밀림지대 밖에 있는 오름들은 대개가 벌거벗은 오름들이 많다. 거의가 화산재인 송이나 돌짝밭으로 되어 있기 때문에 질낮은 목초나 나고 또는 키 작은 잡목이 있을 따름이다. 그런데도 각각 다른 그 오름들이 모두 모이면 바로 한라산이 된다고 한다. 그 오름들은 대부분 정상에 분화구처럼 패어져 있다. 또한 그 오름들은 다소나마 한라산 주봉의 어느 한 면을 지니고 있다고 한다.

한라산은 동서로는 땅 모양이 좀 완만하게 뻗어나온 반면에, 남북으로는 경사가 심하기 때문에 계곡이나 내(川)들도 남과 북쪽에 많이 생겼다. 또한 그 지대에 깊고 으슥한 계곡들이 많이 이루어졌다. 특히 백록담 북쪽 정상을 내려와서 왕관릉 서쪽에 형성되어 있는 탐라 계곡이 대표적이다. 개미목 능선을 사이에 두고 동서로 나눠진 탐라 계곡은 산세를 험하게 만들면서 또한 다양한 산의 아름다움을 이루어 놓았다.

백록담 남쪽 역시 북쪽과 같이 몹시 가파른 정상 남벽에서부터 커다란 내가 형성되어 있다. 더 내려올수록 사방에서 작은 골짜기를 이루고 흐르던 내들이 합쳐지면서 큰 계곡들을 이루어 놓았다. 그것들은 숲지대를 빠져나오면 더욱 큰 내가 된다. 그 대표적인 것이 수악 계곡(水岳溪谷)과 돈내코내, 중문(中文) 지역에 있는 강정천(江汀川)과 중문천, 안덕(安德)면에 있는 안덕 계곡 들이다.

이들 남쪽으로 흘러내린 하천들은 한라산 기슭에서부터 멀리 내려올수록 폭은 좁으나 깊이가 40, 50미터나 되는 깊은 계곡을 이루어 해안 지경에 이르면 볼 만한 하천이 된다. 천지연, 천제연, 안덕 계곡, 효돈 계곡 등이 그 대표적인 예이다. 이들 하천들의 그 양쪽 벽면은 탄탄한 조면암류(粗面岩類)로 되어 있고, 한가운데도 집채만한 바위들이 드러누워 특이한 경관을 만들어 내고 있다. 그러나 북쪽으로 내리는 하천들은 내려올수록 폭은 넓어지나 깊이는 그리 깊지 못하다.

한라산은 화산석으로 되어 있어 냇물이 쉽게 땅속으로 스며들어 버리고 경사가 심해서 빨리 바다로 흘러내리기 때문에, 계곡이 오래도록 물을 간직하고 있지 못해서 마른 내가 대부분이다. 그러나 산이 높고 넓으며 계곡이 깊고 숲이 우거져 있기 때문에 한라산 계곡 곳곳에 작은 못이 이루어져 있다. 또한 흘러내리는 물을 가두어 저수지를 만들어 이용하기도 한다.

한반도에서 세번째 높고 남한에서 제일 높은 이 한라산은 육지와 떨어져 바다에 솟아 있다는 면에서 특이한 산이다. 그것은 우선 한라산으로 인해 제주라는 특수한 지역과 그 지역에 따른 특수한 문화가 형성되었다는 데서 그렇다. 또한 이 산으로 인하여 한국의 국토 범위가 확대되었다는 사실도 중요하다. 한라산을 중심으로 한 제주도 넓이는 1,820여 평방 킬로미터에 불과하여 전국토 면적의 1.8퍼센트에 그친다. 본토와 제주도 북단까지 약 130킬로미터 떨어져 있으므로, 이 한라산이 한국의 국토를 확장시켜 주는 데

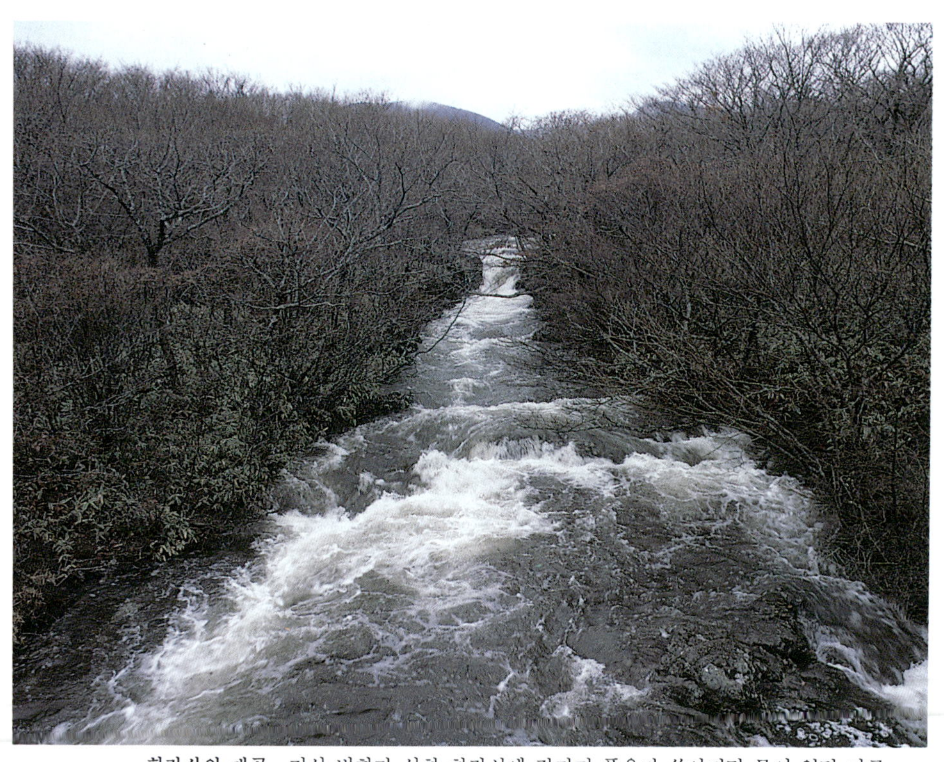

한라산의 계곡 기상 변화가 심한 한라산에 갑자기 폭우가 쏟아지면 물이 없던 마른 내에 냇물이 불어 등산객들이 조난을 당하기도 한다.

크게 기여했음은 물론이다.

뿐만 아니라 한라산은 한반도를 남쪽의 태풍으로부터 지켜 주는 바람벽 구실을 맡고 있다. 곧 해발 1,950미터의 높은 지대는 남태평양에서 발생하여 북상하는 늦여름의 태풍을 막아 그 진로를 차단하든지, 태풍이 한반도를 피해 일본이나 중국으로 방향을 돌리도록 한다.

이 한라산은 해발 고도와 정상을 중심으로 한 남북 지대에 따라

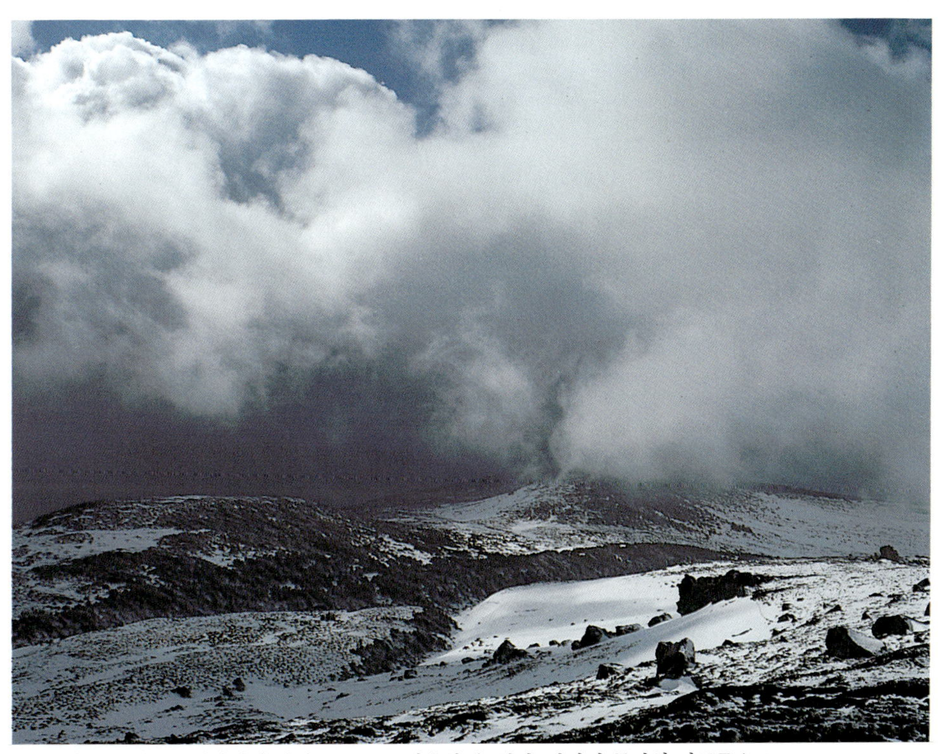

악천후의 한라산　한라산의 날씨는 누구도 예측할 수 없다. 갑자기 몰아친 비구름으로 한라산의 또 다른 면을 보게 된다.

다양한 기후대를 이루고 있다. 곧 해안 지대 기후로부터 시작해서 정상에 이르는 해발 고도에 따라 아열대 기후대에서 아한대 기후대에 이르는 다양한 기후대를 나타낸다. 해발 고도를 중심으로 한라산 기후형(氣候型)을 구분해 보면, 해발 150미터까지는 온대남부형, 여기에서 550미터까지는 온대중부형, 이어 1,150미터에 이르면 온대북부형, 1,550미터까지 한대남부형, 그 이상은 한대북부형 기후로 나눌 수 있다.

한라산이 자리잡은 제주도 기후는 바람이 심하고 비가 많은 것이 특징이다. 특히 여름 계절풍인 태풍이 거의 매년마다 불어닥친다. 또 겨울 계절풍의 위세는 여름보다 강하지 못하나 오랫동안 불기 때문에 겨울 한라산 날씨는 거칠고 흐릿할 때가 많다. 여름철에는 비가 많이 내리는데, 더구나 한라산 지대에는 해발 고도가 올라갈수록 강수량이 많고 지세가 복잡하기 때문에 곳에 따라 기후 변덕이 심하다. 산기슭 해안 마을은 따뜻하고 맑지만 한라산 정상 날씨는 험악한 경우가 많다. 한라산 남쪽 서귀포 지대는 봄날씨인데 제주시 쪽은 한겨울 날씨인 때도 있다. 한라산 날씨 변화는 신(神)만이 아는 비밀에 속한다.

희귀한 식물이 자라는 한라산

한라산은 식물의 보고(寶庫)로 알려져 있다. 해안에서부터 한라산 정상에 이르는 지역에 갖가지 식물이 분포되어 식생하고 있어 섬 면적에 비해 종류가 많고 다양하다.

20세기 초 프랑스인 타게 신부(한국명 임택기)가 채집하기 시작한 이후 일본인 학자 나카이(中井), 우리나라 학자 정태현, 박만규, 이덕봉, 이창봉 등에 의해 지금까지 알려진 자생 식물이 약 1,700여 종에 이르는 것으로 보고되었다. 최근 제주대학 김문홍 교수 등에 의해 더 많은 희귀종들이 나타나고 있다. 이는 본도 다른 산들에 비하면 한라산이 식물 보고라 말할 수 있다.

이것은 제주도와 한라산의 위치와 그에 따른 기후 조건 때문이다. 위도상으로 제일 남쪽에 위치해 있을 뿐만 아니라, 바다 가운데 있는 섬이므로 기후가 따뜻하고 강수량이 많아 난대성 식물이 자라기에 적절한 조건을 지니고 있다. 해발 600미터 이하 지대이면서 바람막이가 잘 되는 서귀포 주변 지역과 깊은 계곡 지대에는 난대성 식물이 잘 자라고 있다. 또한 1,950미터나 되는 높은 한라산이 섬 중앙에 버티어 있기 때문에 해발 고도에 따라 각각 다른 기후대(氣候帶)가 형성되어서, 온대에서부터 한대 식물까지 자랄 수 있는 여건이 자연적으로 갖추어져 있다. 더구나 한라산 정상은 매우 춥기 때문에 시베리아 지역에 자랄 수 있는 식물 식생이 가능하다.

다음으로는 한라산의 지리적 위치가 한반도, 일본, 중국과 가깝기 때문에 다른 지역의 식물들이 전파되어 자라면서 자연히 식물종이 많다. 해류와 철새, 바람에 의해서 식물이 이곳으로 전파될 수 있는 가능성을 배제할 수 없다. 마지막으로 제주도는 바다 한가운데 외따로 떨어져 있는 산이므로 독특한 기후에다 한라산 또한 특이한 토양을 지니고 있어서 다른 지역에서 식생할 수 없는 유다른 식물들이 식생활 여건이 되어 있다.

제주도에서만 찾아볼 수 있는 희귀종 식물 가운데에 약 40여 종은 대부분 한라산 중턱 이상의 지대에서 자란다. 섬매발톱나무, 섬오갈피나무, 제주달구지풀, 제주조릿대, 한라돌쩌귀 등이 그 가운데에 특이한 것들이다. 그 밖에도 한라산의 기후대와 지형, 지질에 따라 특이한 식물들이 군집을 이루어 살아가고 있다.

한라산 정상 주위에는 아고산대(亞高山帶) 초원 및 관목림 군락이 형성되어 있다. 이 지역에도 지형의 경사 정도와 방향에 따라 차이가 있다. 예를 들면 털진달래와 산철쭉 군락은 평지이고 습지일수록 발달되어 있으며, 누운향나무 군락과 시로미 군락은 경사가 비교적 급하고 건조한 남쪽 비스듬한 지대에서 많이 찾아볼 수 있다. 그런데 경사가 심하고 과습한 지역에는 초원 지대가 형성되어 있다.

한라산에서 가장 볼 만한 식물 군락은 구상나무이다. 이것은 해발 고도 1,590미터에서부터 1,940미터 사이에 있다. 이보다 좀 내려오면 다시 구상나무와 제주조릿대 군집이 형성되어 있는데 이들은

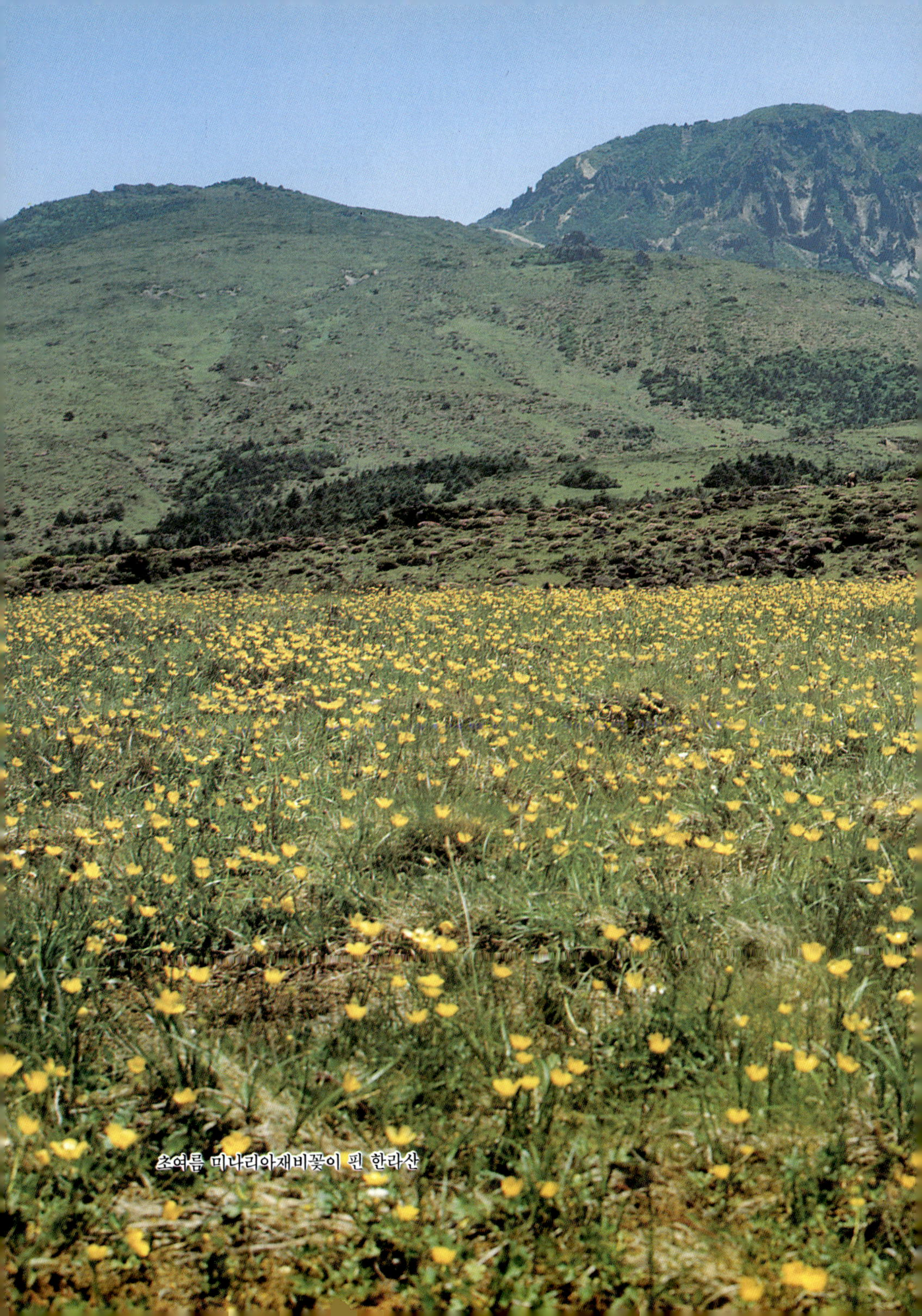

초여름 미나리아재비꽃이 핀 한라산

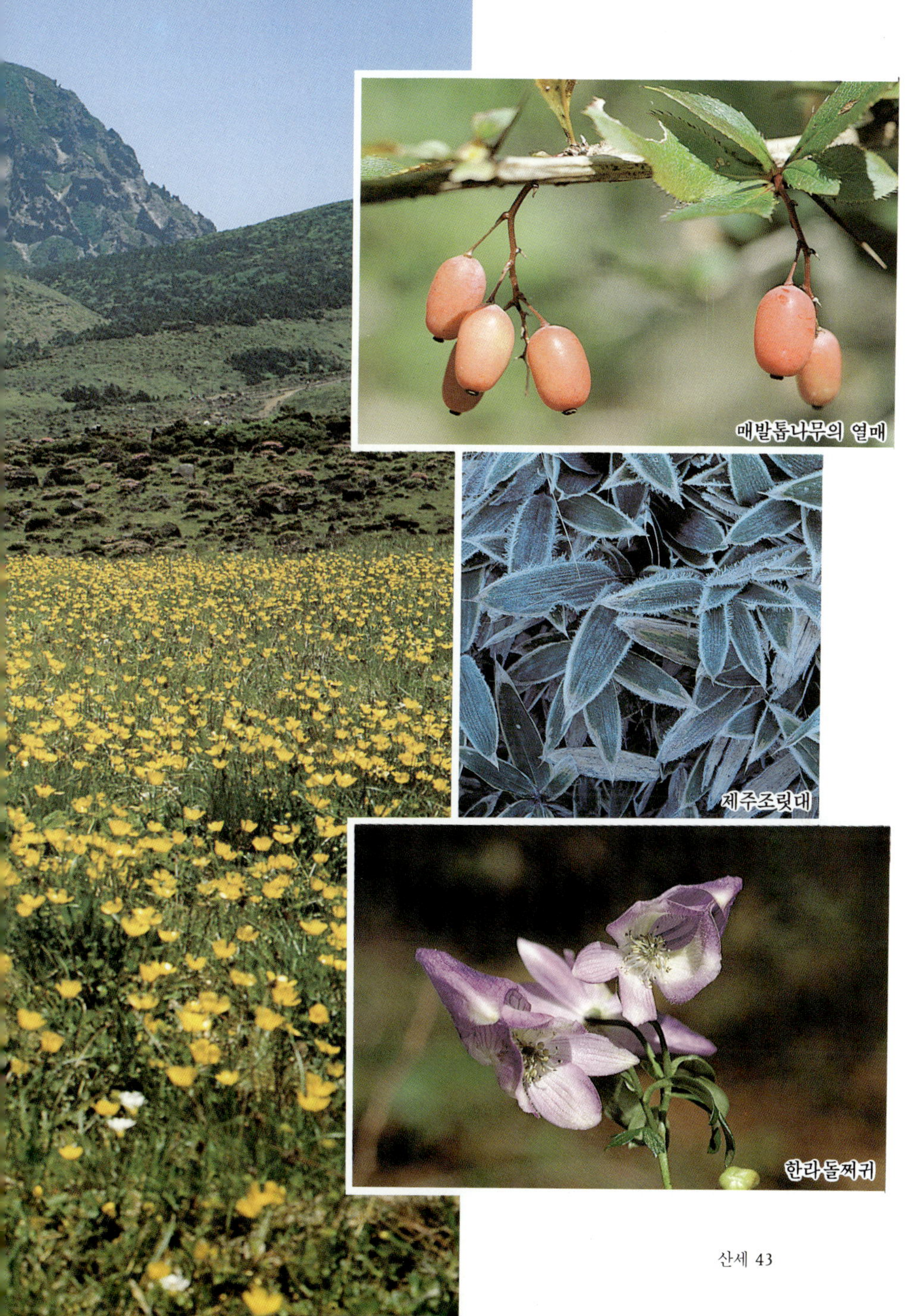

매발톱나무의 열매

제주조릿대

한라돌쩌귀

백록담을 중심으로 그 남쪽과 북쪽에 골고루 퍼져 있다. 이보다 더 내려와 최저 해발 1,370미터에서부터 1,700미터 사이에 구상나무, 신갈나무 군집이 형성되어 있다. 이 지대는 완전히 관목림 숲으로 한라산을 뒤덮고 있다.

구상나무는 한라산 정상 부근에서 시작해서 더 고도가 낮은 지역에 자라서 그 식생지가 넓다. 그것은 기후와 토질 때문이다. 나무 모양도 토질이나 지대에 따라 다르다. 산의 정상 부근에서 자라는 것은 키가 작으나 다른 지역에서는 제대로 자란다. 구상나무는 기온보다는 바람막이 상태에 따라 그 성장 정도가 달라짐을 알 수 있다. 이 나무는 한라산에서 처음 발견된 나무이며 우리나라에서 가장 넓은 순림(純林)을 이루고 있다.

이 밖에도 관목림의 대표적인 나무로서는 진달래가 있다. 또한 술패랭이꽃, 구름체꽃, 붉은병꽃나무, 한라구절초, 설앵초, 구름송이꽃, 바늘엉겅퀴 등 고산성 초본(草本)들이 봄부터 피기 시작해서 가을까지 아름답고 향기로운 꽃을 번갈아 보여 준다.

해발 600미터에서 1,400미터에 이르는 지대에는 한반도 중부 지방과 매우 비슷한 식물들이 자라고 있다. 이 지대에 자라는 대표적인 나무로는 벚나무와 느티나무가 있다. 제주도 토속어로는 벚나무를 사오기나무라 하고 느티나무를 굴무기라고 한다. 이들은 예부터 건축재로 많이 쓰였다. 무거우나 질이 단단해서 중요한 가구나 집 재목으로 쓰였다. 집안에서 사용하던 옛 민구(民具)들 가운데에 남방아나 도구리 등은 거의 이러한 목재로 만들었다.

한라산 식물 가운데에 대표적인 것은 자생란이다. 이는 약 90여 종에 이른다고 하는데 그 가운데 40여 종은 오직 제주 한라산에서만 자라는 희귀종들이다. 그 가운데에서도 으뜸인 것은 한란과 구좌읍 송당 지경 비자림에서 자생하는 풍란이다. 해발 700미터 이하 계곡 물빠짐이 좋은 곳에 떼지어 자라는 이 한란은 개화기가 11,

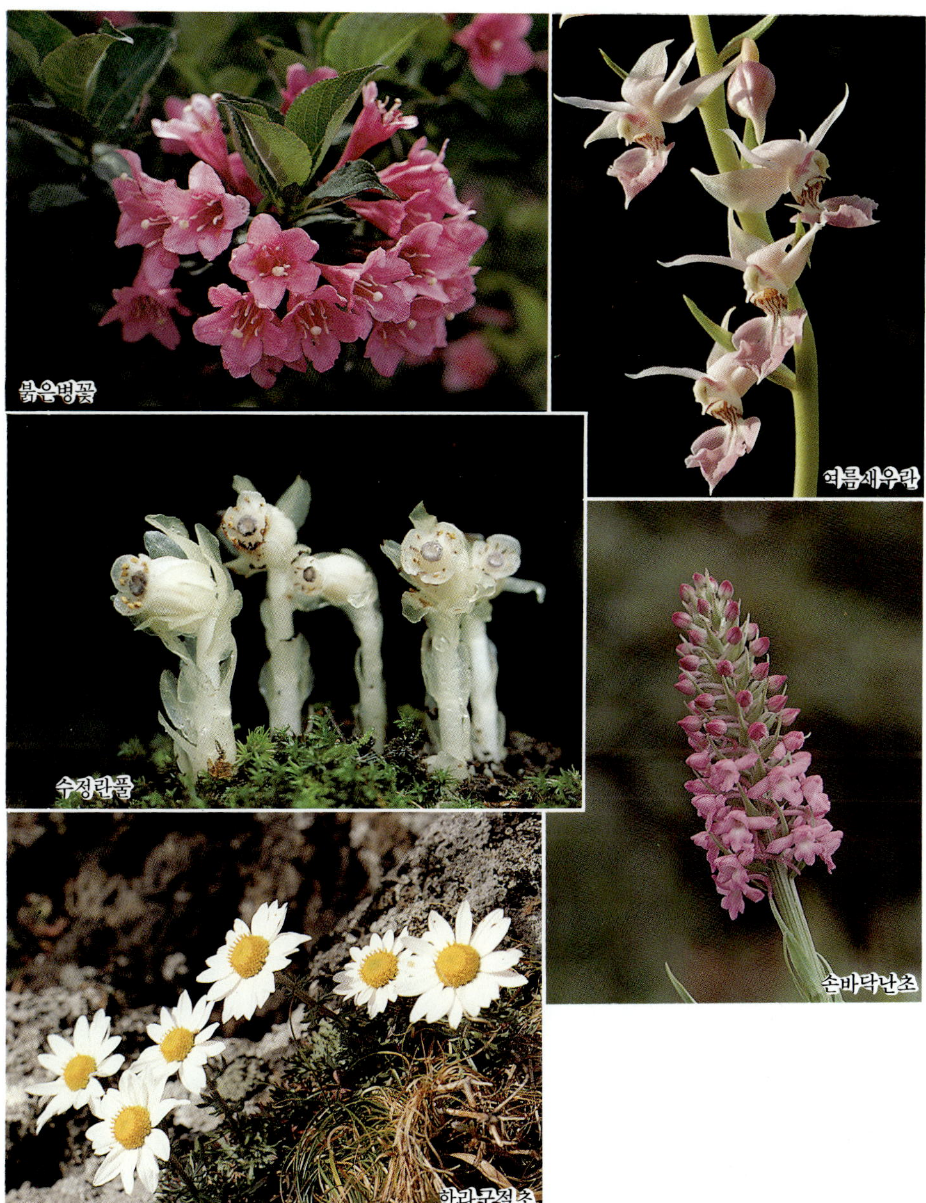
붉은병꽃
여름새우란
수정란풀
손바닥난초
한라구절초

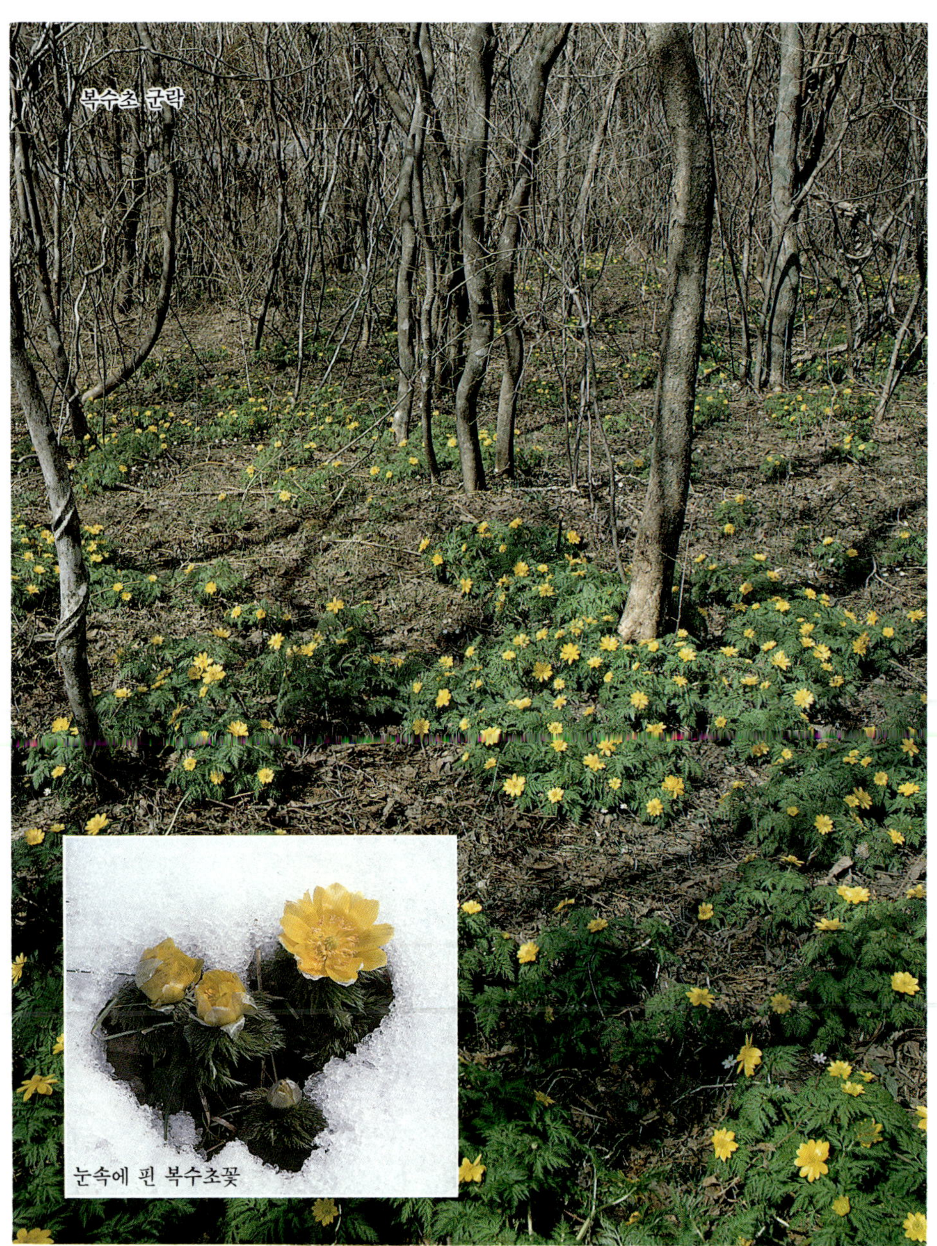
복수초 군락
눈속에 핀 복수초꽃

12월인데 그 꽃잎은 크기 20 내지 25센티미터로 5 내지 12개의 꽃이 한 꽃대에 드문드문 붙어 있다. 꽃 색깔은 엷은 황록색 또는 연한 자주색, 자색이 도는 녹색, 연한 붉은색 등 다양하다. 화반은 흰색으로 자주색 반점이 있다. 이 한란은 천연기념물 제191호로 1967년 7월에 지정되었다.

제주 자생란에는 이 밖에도 제주춘란, 새우란, 금새우란, 사철란, 손바닥난초 등이 아름다운 꽃을 자랑한다. 이들은 군락을 이루어 자생하기 때문에 그 아름다움이 더하다. 그러나 욕심 많은 사람들 손에 상하고 망가져 버릴 위험이 많다.

한라산의 자생란말고도 희귀하면서 아름다운 산꽃들이 많다. 복수초꽃과 솜다리, 모데미풀꽃, 너도바람꽃, 돌매화나무꽃 들이 그 대표적이다. 이들 가운데에도 복수초꽃과 돌매화나무꽃이 일품이다. 이들은 한라산 정상의 바위나 푸석푸석한 돌짝틈에 피어 산 정상에서는 이채로운 존재이다. 복수초꽃은 2월경 하얀 눈속에서 피어난다. 찬 얼음 같은 눈덩이를 비비고 키 작은 파란 잎과 꽃대가 노란 꽃을 내민다. 눈 쌓인 심산의 혹한을 두려워하지 않고 피는 이 꽃은 이미 봄이 이 산에 와 있음을 산 친구들에게 알리는 봄의 전령사이다. 그런데 이 꽃이 아름다운 것은 그 피는 계절 때문만은 아니다. 우선 노란 꽃잎이 주위를 덮고 있는 하얀 눈을 배면으로 했기에 더 아름답게 보이는 것이다.

한라산 정상 부근 건조한 돌자갈밭이나 바위 지대에 자라는 솜다리꽃은 한라산의 에델바이스로 불려질 정도로 험준하고 메마른 산 정상 분위기에서는 이채로운 존재이다. 또한 산 정상 바위틈에 자라는 돌매화나무꽃은 흔하지 않은 상록 반관목(半灌木)으로 한 곳에 군집을 이루어 산다. 가늘고 긴 줄기에 광택이 나는 길이 1센티미터 정도의 약간 둥그스럼한 잎들이 빽빽하게 달라붙어 있다. 5월에 피는 이 꽃은 백색 꽃잎 속에 노란 꽃술과 초록 잎이 어울려 메마른 바위 틈틈에 피어 눈부시게 한다.

정상에서 좀 내려와 따뜻한 곳에 자라는 대표적인 나무로는 종가시나무를 비롯해서 상록활엽수(常綠闊葉樹)들이 있다. 해발 고도가 높을수록 낙엽활엽수림이나 침엽수림대(針葉樹林帶) 또는 관목수림이 형성되고 있다. 이러한 식물 분포 형편을 산의 높이에 따라 정리해 보면, 해안 지대인 해발 150미터까지는 조엽수림대(照葉樹林帶), 거기에서 해발 1,150미터까지는 낙엽활엽수림대, 다시 정상까지는 침엽수림대이다. 이러한 식물 분포 지대에 따라 다음과 같은 식물군이 자란다.

활엽수림으로 대표적인 것은 동백나무, 참나무, 졸참나무, 신갈나무, 소나무 들이다. 한라산 천연 보호 구역의 남쪽 지대에는 해발 800미터 지대에까지 동백나무, 사스레피, 흰새덕이, 여름새우란, 황칠나무 등이 대표적인 것이다. 그러나 기온 차이가 약간 있는 한라산 북쪽 지역에서는 해발 500미터 이하에 이런 식물이 자란다.

한라산 남쪽으로는 해발 800 내지 1,000미터에 이르는 지역과 북쪽 및 기타 북, 동, 서쪽에는 해발 1,000미터 이하 지대에 졸참나무와 송악, 옥잠란 들이 군집을 이루고 있다. 또한 해발 1,300미터까지에 낙엽활엽수림으로는 굴거리나무, 솔비나무 등이 대표적인 것이고 해발 1,300미터 이상에 자라는 낙엽활엽수림으로는 신갈나무와 마가목, 소나무가 주종을 이루며 이따금 구상나무도 나타난다.

한라산의 풍부한 임산 자원은 제주 사람들의 생활을 크게 도와주었다. 울창한 숲은 사람들에게 풍부한 재목을 제공해 주었기에 제주도 초가는 육지부에 비해서 그 구조가 튼튼하고 실했다. 참나무나 굴무기나무 등으로 지은 집은 몇 백 년이 지나고도 건실했다. 또한 한라산 나무를 재료로 표고버섯 산업이 번창했다. 한라산 700고지 부근에는 많은 표고버섯 재배 단지가 형성되어 도민의 소득에 크게 기여했다.

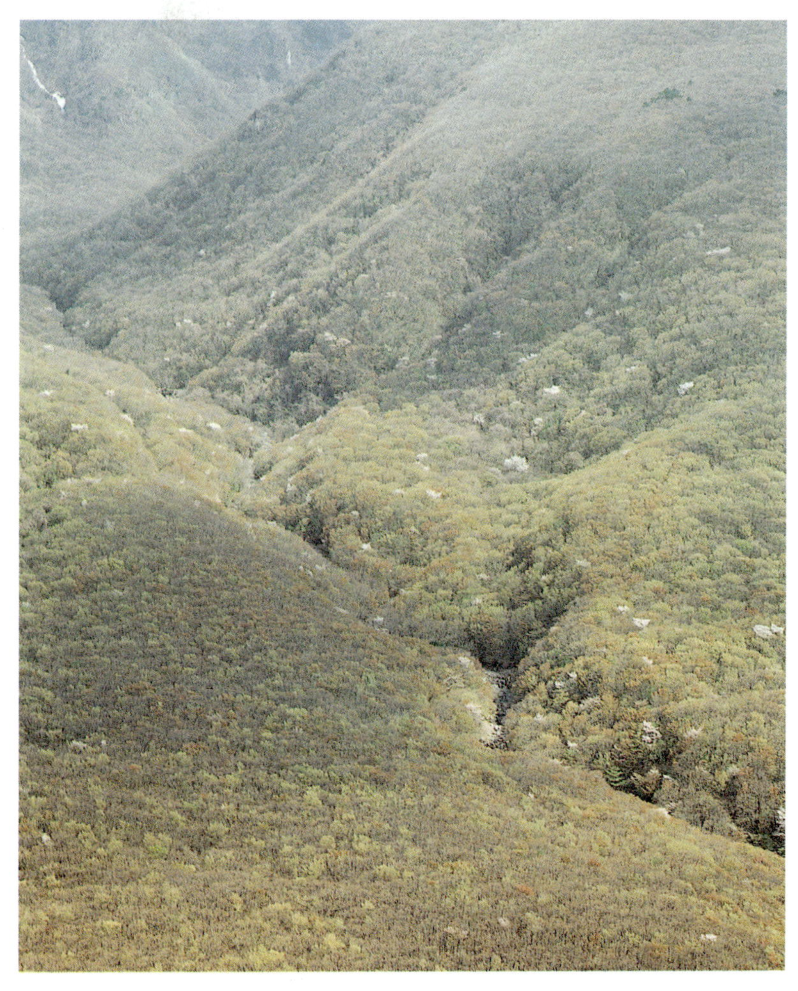

활엽수림 속의 벚꽃　한라산은 왕벚꽃나무의 원산지이다. 활엽수림이 우거진 한라산 중턱에는 늦은 봄이 되면 점점으로 흰 왕벚꽃들이 산을 꾸민다.

맹수가 없는 산

한라산은 험하고 그 면적이 꽤 넓은 산이지만, 육지부 산악 지대처럼 포유류 동물들 수는 많지 않다. 더구나 범이나 맷돼지 같은 포유류도 없다. 그 이유는 아마 섬사람들의 포획 때문이 아닌가 한다. 이 맹수가 없어진 사연에 대해서는 그럴 듯한 '아흔아홉골전설'이 전해지고 있다.

아흔아홉골(九九谷)은 제주시에서 한라산 서부 횡단로를 따라

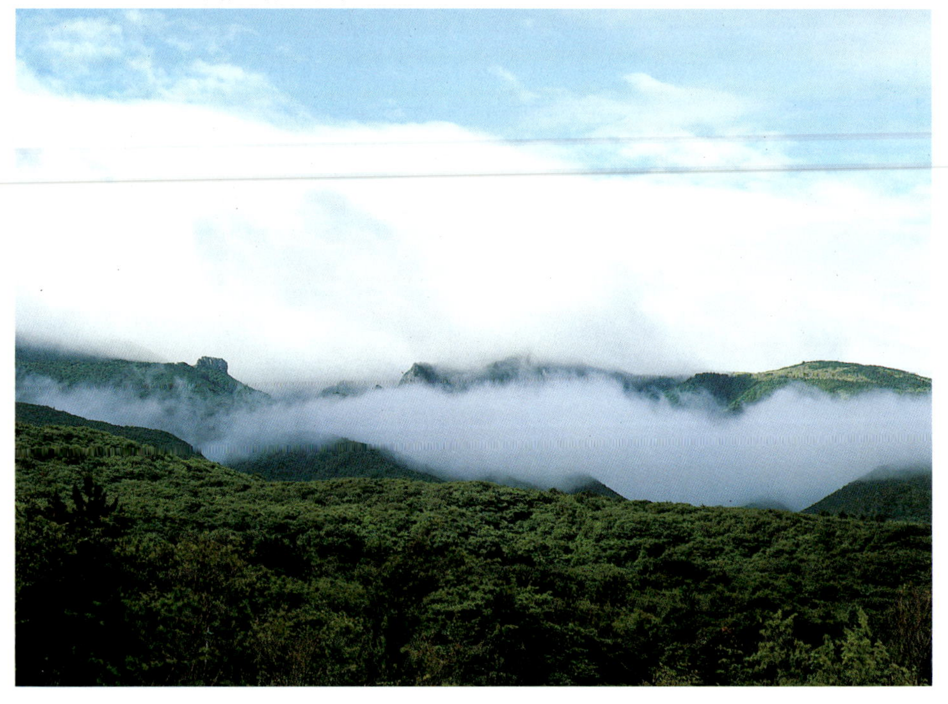

여름의 한라산 한여름 구름에 가려진 한라산 정상 부근, 왕관암과 삼각봉이 구름 사이로 수줍은 듯 보인다.

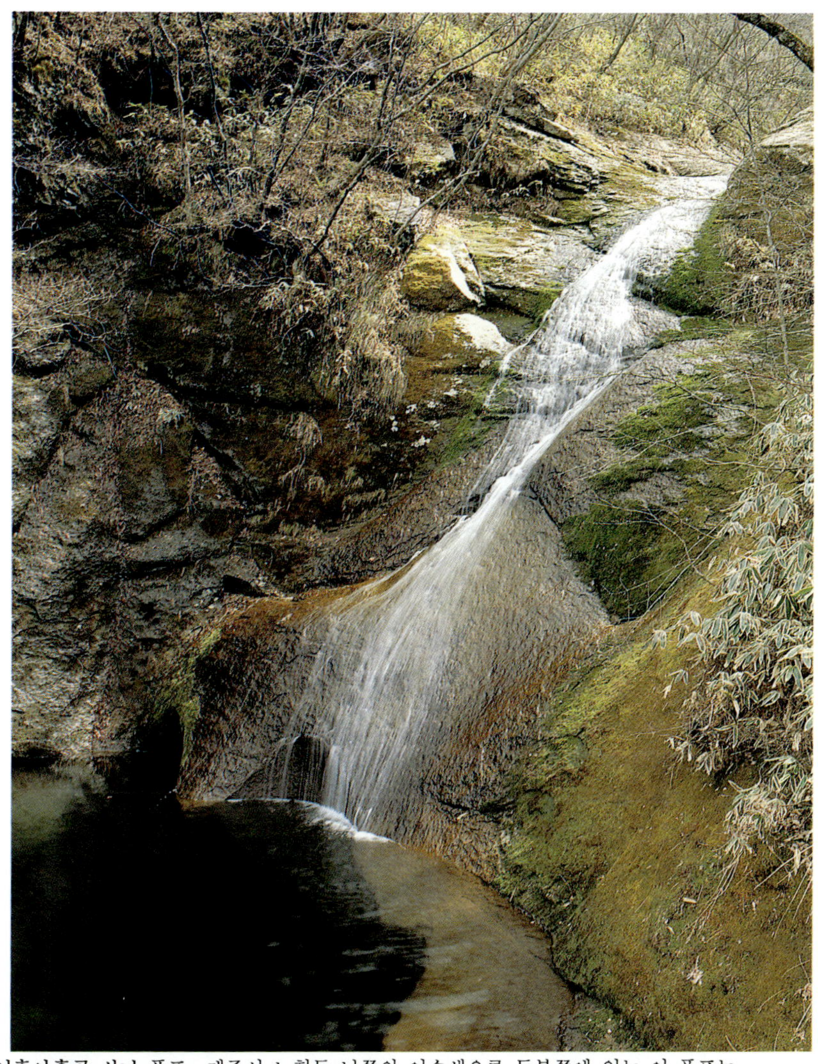

아흔아홉골 선녀 폭포　제주시 노형동 남쪽의 어승생오름 동북쪽에 있는 이 폭포는 주변에 많은 골짜기들이 모여 장관을 이룬다. 또한 이곳에는 아흔아홉골 전설이 전하는 흥미있는 곳이다.

10여 킬로미터 올라가 노형동 남쪽 어승생오름 동북쪽에, 깊지도 험하지도 않으면서 크고 작은 수많은 골짜기들이 여러 개 뻗어내려 아름다운 경관을 이루고 있는 골짜기들을 말한다. 골짜기들을 모두 연결하면 무려 1,200미터나 되며 골짜기 깊이는 50여 미터가 된다고 한다. 이 골짜기 서쪽 천왕사(天往寺) 부근에는 돌기둥이 천연림 사이에 우뚝우뚝 솟아 있고 계곡엔 샘 같은 물이 솟아오른다.

학자들의 조사에 의하면, 이 골짜기 바닥이나 벽의 돌들은 약 250만 년 전 화산 분출로 생긴 조면질안산암이고, 그것이 풍화를 심하게 받아 바위 색이 녹회색 또는 황갈색으로 되면서 풍화된 면에는 반점이 나타나서 더욱 특징적이라 한다. 이 골짜기에는 제주참꽃나무, 단풍나무, 소나무, 개암나무, 졸참나무 등이 주종을 이루고 있으며 봄에는 진달래기 절경을 이루고 가을에는 단풍이 매우 아름답다.

이 골짜기에 얽힌 전설은 단지 아름다운 풍광을 말해 줄 뿐만 아니라, 제주 사람들의 삶의 상황과 그 역사를 설명해 준다. 원래 여기는 골짜기가 100개 있었는데, 한 골짜기가 없어져서 아흔아홉 골이 되었다는 다음과 같은 이야기가 있다.

옛날 중국에서 왔다는 한 스님이 섬사람들을 모아 놓고 "너희들을 괴롭히는 맹수들을 내가 없애 줄테니, 너희들은 '대국에서 동물 대왕이 들어왔으니 모든 동물들은 속히 모이라'고 외쳐라" 하고 은근히 말했다. 제주 사람들은 호랑이, 범 등 맹수들을 없애 준다는 바람에, 그만 솔깃해서 스님이 시키는 대로 소리를 질렀다. 동물들은 사람들 고함소리에 정말 자기네 대왕이 들어왔는가 해서 그 아흔아홉골로 다 모였다.

스님은 모여 있는 동물들을 보더니, 한참이나 주문을 외고 나서, "너희들은 다 좋은 곳으로 가라. 다시는 이곳에 나타나지 말라"고 소리를 질렀다. 그러자 큰 굉음이 터지고 땅이 요동치더니 동물들이 모여 있는 그 골짜기가 순식간에 없어져 버렸다.

그 뒤로 이 섬에는 맹수도 나지 않았고 또한 제주에는 왕(王)도 훌륭한 인물도 나지 않게 되어서, 결국 제주는 외부 사람들의 압제를 받으면서 살아야 했다.

이 이야기는 제주에 맹수가 없다는 사실과 왕이 없다는, 다시 말하면 탐라왕국의 붕괴와 더불어 제주가 본토의 한 주변 지역으로 전락한 역사를 설명하면서, 중국에서 온 술사인 고종달이 인물이 날 만한 혈(穴)을 끊어 버려서 제주가 불모(不毛)의 땅이 되었다는 전설과 상통한다.

노루들　한라산 노루가 멸종 위기에 있어 산을 사랑하는 사람들이 노루 방목을 시도하고 있다. 앞에 보이는 큰 나무가 때죽나무이다.

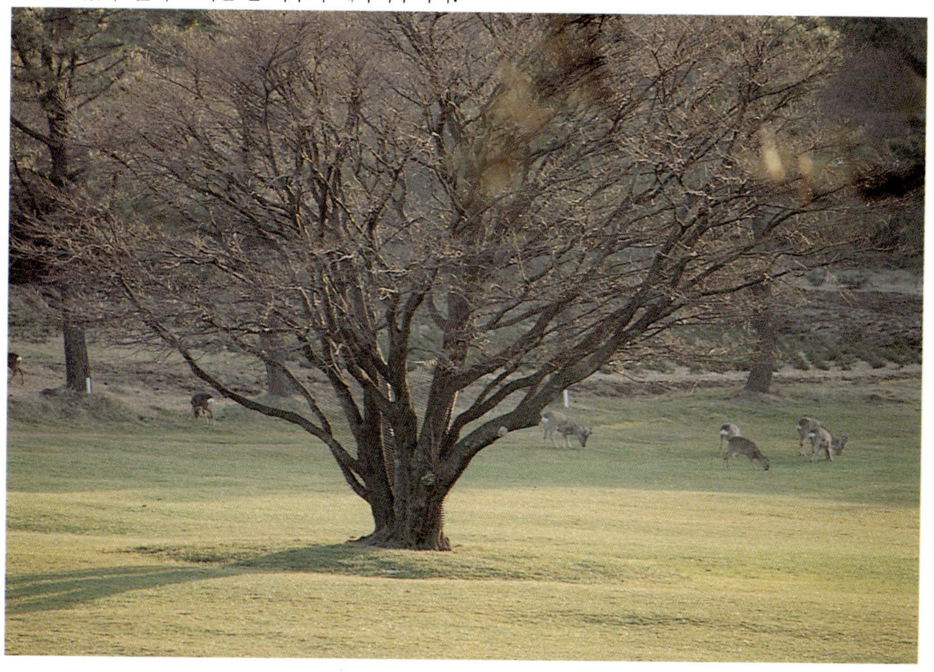

제주에는 맹수가 없을 뿐만 아니라 백록담 전설에 나타나는 사슴이나 멧돼지도 없다. 그것은 아마 사람들의 포획으로 멸종되지 않았나 생각된다. 빌레못굴에서 황곰뼈 화석이 발견된 것으로 보아, 오랜 옛날에는 곰이나 멧돼지 등 지금 멸종된 포유 동물들도 서식했을 것이라고 추측한다.

한라산에 서식하는 포유 동물로서는 제주족제비, 삵, 오소리, 노루 등이 있다. 그러나 여우, 고슴도치, 너구리, 담비 등은 찾아볼 수 없다. 멧돼지와 사슴은 최근에 없어졌을 것이라고 학자들도 추측하고 있다.

한라산에는 기후에 따라 한대성, 아열대성은 물론 제주도에만 살고 있는 곤충들도 있다. 제주에서만 살고 있는 특종으로는 제주집게벌레, 제주밑드리, 제주공딱정벌레, 제주풍넹이 등이다.

한라산에 사는 파충류(爬蟲類) 가운데에 남한지(南限地)가 되는 종류로는 누룩뱀, 쇠살모사, 줄장지뱀 등 3종이 있고, 한라산이 북한지(北限地)가 되는 것으로는 비바리뱀이 있다. 또한 본토에는 서식하고 있지만 제주도에 없는 것으로는 구렁이, 무자치, 까치살모사, 복살모사, 바다뱀 등이다. 특히 한라산에는 뱀이 많다. 그것은 비가 많이 와서 기후가 습하기 때문이 아닌가 한다. 섬에 뱀이 많은 데는 전설이 있다.

제주의 뱀은 한스러운 삶을 살아온 사람의 화신으로 상징화되어 이야기된다. 그러나 뱀이 제주도에 많다고 해서 그것을 신앙하는 무속이 발달된 것은 아니다. 오히려 일반인의 생각보다는 그런 신앙을 가진 사람들은 극히 일부에 지나지 않는다.

뱀 전설에 의하면, 육지에서 쫓기는 신세가 되자 뱀으로 변한 신은 육지에 갔던 제주 사람의 물건 속에 숨어서 제주에 들어온다. 그러한 신은 뱀으로 변하고 제주에 들어와서도 사람들에게 푸대접을 받는다. 뱀의 한은 더욱 깊어진다. 그래서 마을 사람과 공생 관계를 맺고 어느 마을에 마을신으로 좌정해서 살아간다. 사람들이 그 뱀신을 잘 위해 주는 대가로 뱀도 사람에게 물질적인 복을 내려 주기로 한다. 그러나 사람이 조금만이라도 뱀을 위해 주는 일에 게으르면 용서하지 않았다는 내용이다.

한라산에 서식하는 양서류(兩棲類)로는 참개구리, 무당개구리, 도롱뇽이, 북박산개구리, 청개구리 등이 있고 옴개구리나 금개구리는 희소하다.

한라산에서 떼지어 모여 사는 새들로서는 직박구리, 방울새, 박새가 있다. 지역에 따라 멧새, 동박새 종류도 있다. 이러한 텃새말고도 많은 나그네새들이 있다. 제주도에는 까치는 없지마는 바람까마귀(갈가마귀)는 많다. 그러나 요즈음 들어와서 그들의 수도 많이 줄어들었다.

메마른 산 정상의 그 신비한 언어

백록담 정상을 중심으로 사방으로 산을 내려오면, 동서남북 각 방향에 따라 지형의 차이가 크게 나타나면서 각각 다른 산의 모습을 보여 줘서 그 정취가 다르다.

산 정상에서 북쪽으로 내려 구상나무 숲을 지나 왕관릉과 삼각봉 사이에 있는 대피소를 지나 개미등 능선에 이르면 제주조릿대밭이 있었다. 이 개미등에 군락을 이루었던 조릿대밭은 60년대에 열매를 맺고 죽어버렸다. 그 뒤 몇 년이 지나자, 개미등은 소나무밭으로 변했으나 다시 한라산 곳곳에는 이 조릿대가 살아나 번창하고 있다. 한라산 상봉의 찬바람에 얼굴을 내밀고 무더기로 누워 있는 두어 뼘쯤 되는 키 작은 이 대나무 무리는, 따뜻한 지역에 나는 일반 대나무와는 아주 다르다. 말라 죽어버린 듯한 잎이지만, 지친 등반객들의 엉덩이를 편안하게 해주려고 무리지어 있다. 이 조릿대는 철을 가리지 않고 한여름 더위에나 한겨울 추위에나 변함없이 그 얼굴 그 표정이다. 또 여름에는 바늘엉겅퀴꽃도 일품이다. 개미능선 양편에 형성된 탐라 계곡에는 잡목과 자생 적송(赤松)이 어우러져 광활한 나무숲을 이루고 있다.

산 정상에서 남쪽으로 내려가면 화산재로 된 푸석푸석한 자갈과 엉성한 흙이 뒤섞여 있는 지대에, 바람에 날려가는 몸을 가누기 위해 땅에 붙어 있는 누운향나무와 시로미 무리가 볼 만하다. 키 작은 나무들이 바람에 시달리는 가운데도 산철쭉은 성싱하

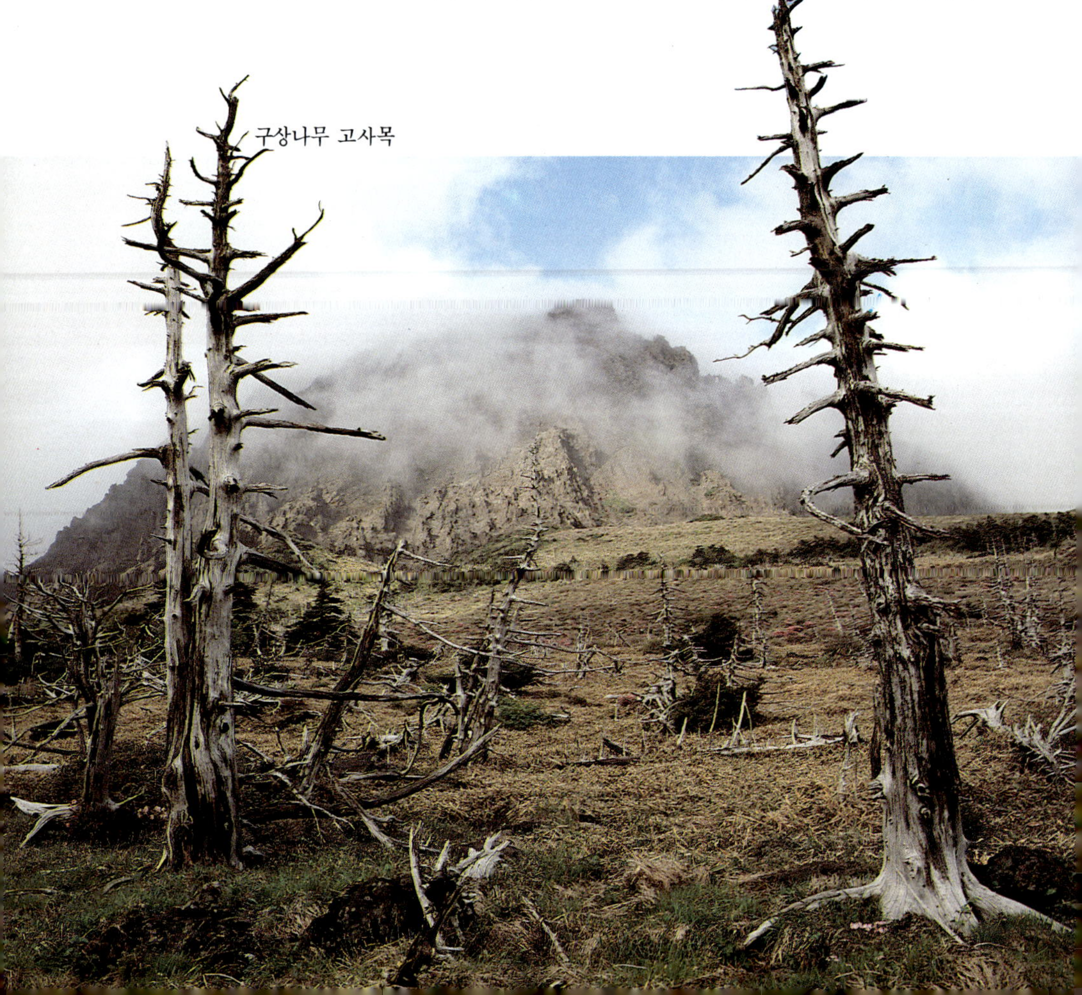
구상나무 고사목

고, 누운향나무나 시로미말고도 떡버들과 섬자매 등 고산식물들이 군락을 이루어 산의 정상 부근 메마른 땅을 지키고 있다. 이 지대를 벗어나면 다시 주목과 구상나무 그리고 고사목들이 진달래와 어울려 조화를 한껏 뽐낸다.

정상에서 서북쪽으로 내려와 누운향나무와 시로미밭을 지나면 구상나무와 산철쭉밭이 나온다. 백록담 정상이 손에 잡힐 듯이 가깝고 태평양 바다도 뛰어내릴 수 있을 정도로 다가와 있다. 영실 쪽으로 좀더 내려오면 산철쭉 지대가 나오고, 거기를 지나면 마치 깎아 낸 돌들이 서로 틈없이 땅에 덮어 놓은 듯한 선작지왓이라는 석전(石田) 지대가 나온다. 이 부근의 습하고 양지바른 풀밭에서 설앵초가 자라고 있다. 이 꽃은 연보라와 하얀 꽃 두 종류가 있는데, 하얀 꽃은 흰 설앵초라 해서 아주 희귀하다.

정상에서 어리목 쪽으로 등산로를 따라 내려오다 보면 여기에서도 누운향나무와 시로미밭을 지나게 된다. 더 내려오면 진달래밭과 구상나무밭이 나온다. 한라산의 진달래는 일품이다. 어느 산엔들 진달래나 철쭉이 없으랴만 이곳에서 보는 그 꽃들은 특이하다.

한라산 진달래는 정상 사방에 지천으로 무리지어 살아간다. 더구나 물기라고는 찾아볼 수 없는 그 메마른 돌짝밭에 어떻게 그 추운 산 정상을 지키면서 한 생애를 살아갈 수 있을까. 한겨울 꽃도 잎도 없는 진달래는 말라 버린 삭정이 같다. 추운 정상의 바람을 맞으면서 숨도 제대로 쉬지 않고 고개를 숙여 어둠 같은 긴 겨울을 지낸다. 그러다가 봄 오는 소리가 들려오면 맨 먼저 그 꽁꽁 얼어붙어 있는 꼬불꼬불한 가지에 물이 오르기 시작하더니, 하루 다르게 생기를 더한다. 그러다가 4월 말이나 5월 초가 되면, 언제 어디에 숨어 있었던지 연분홍 꽃잎을 마구 토해 내듯이 핀다. 한겨울 그 모진 바람에 시달리면서 저런 핏빛 꽃을 어떻게 준비해 두었을까 하고, 사람들은 고개를 갸웃거린다.

진달래가 피기 시작하면 메마른 산에 생기가 한꺼번에 돋아난다. 너른 자갈밭에 마치 사람이 팔을 벌려 누워 차지할 만한 넓이로 무리지어 피어 있는 진달래들은, 산을 향해 한꺼번에 소리를 지르는 듯도 하고, 억만 년 침묵으로 누워 있는 산을 소리쳐 깨우는 것 같기도 하다.

한라산 정상의 이채로운 정경으로 이 진달래와 대비되는 것으로 고사목(枯死木)이 있다. 진달래는 사시사철에 따라 그 모습을 달리한다. 그러나 고사목에게는 일 년 사계절이 그에게는 오직 한 계절일 뿐이다. 그는 시간을 살아가는 인간들과는 아주 인연을 끊고 살아간다. ‘살아 백 년 죽어 백 년을 산다’는 이 고사목의 일생은 특이하다. 그는 계절을 모르고 시간을 모른다. 그러나 이 고사목에게도 겨울은 유난스럽다. 일 년 사계절 표정을 바꾸지 않던 이들에게도 하얀 눈이 내릴 때면 그 정취에 못 이겨서 드디어 눈꽃을 피워낸다. 가지가지마다 하얀 눈으로 갖가지 옷을 지어 입는다. 그것은 바로 꽃이 된다.

고사목은 비록 죽어 있기는 하지마는 살아 있을 때보다 그 모습은 사람들에게 인상적으로 심어 주고 있다. 누워 있는 것도 있고, 살아 있을 때처럼 그대로 하늘로 솟아 있는 것도 있고, 땅에 묻혀 있는 것도 있다. 그 앙상한 가지에는 아직도 전생의 이야기를 간직하고 있다. 사시사철 비바람에 시달렸어도 어떻게 그렇게 하얗고 매끄러운 피부를 간직할 수 있을까. 죽어 있으면서 살아 있는 나무들보다 단단한 것이 이 고사목이다. 그는 잎도 꽃도 갖고 있지 않지만 그는 몸 전체로 다른 나무들과 꽃들의 언어를 대신한다. 꽃이나 나무들의 언어뿐만이 아니라 무한한 시간과 변덕 많은 계절을 이야기한다. 그 모든 이야기는 이 산을 오르내리는 속세의 인간들에게 분절되지 않은 목소리로 전해진다. 그는 진달래처럼 요란스럽지도 않고, 시로미나 누운향나무처럼 은밀한 언어로 소근거리지도 않는다. 결국

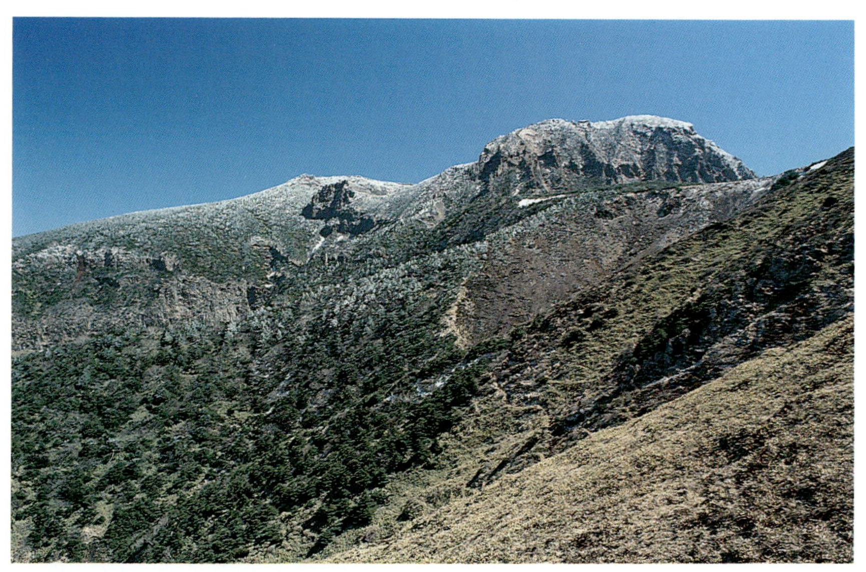

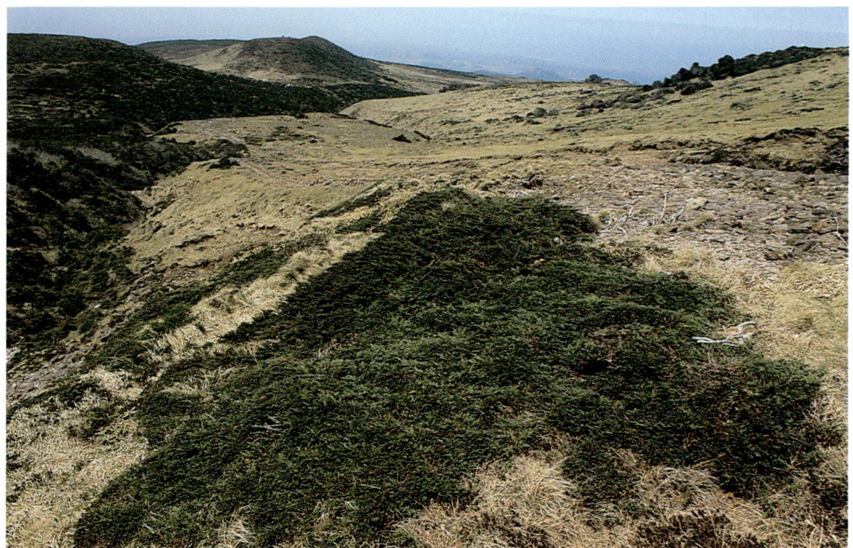

구상나무 숲(맨 위)과 누운향나무(위)　한라산 정상 서북벽을 내려온 지대에 펼쳐진 구상나무와 정상에서 어리목 쪽으로 내려오는 등산로 주변에 납작 엎드려 있는 누운 향나무가 한라산의 정취를 더해 준다.

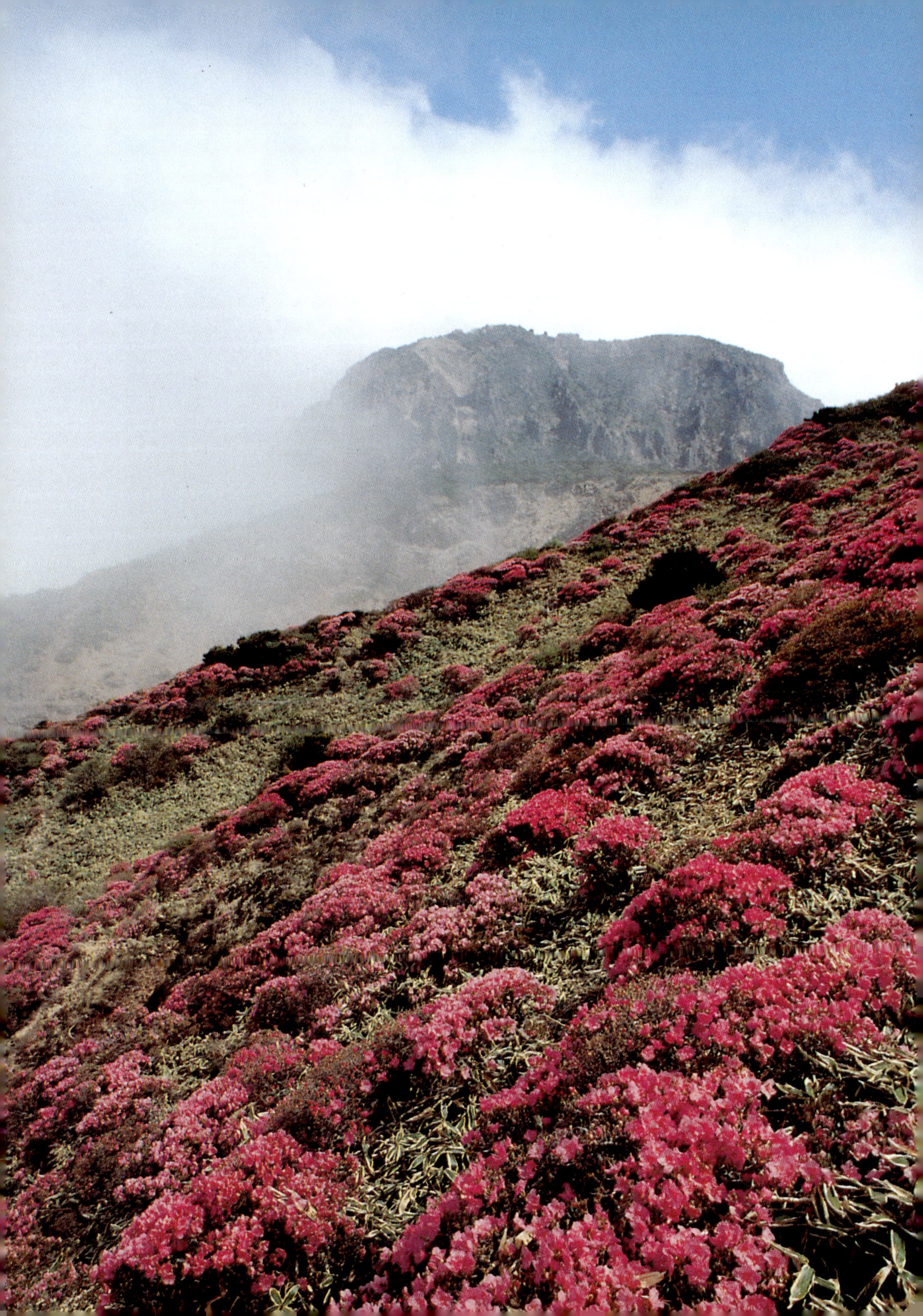

그는 죽음이 인생의 끝이 아니고, 그러기에 절망이 아니라는 것을 이야기하기 위해서, 바로 이 산의 정상에서 많은 사람들을 만나고 있는 것이다. 그러나 그를 지나치는 사람들 가운데에 그의 언어에 귀기울이는 사람은 많지 않다.

한라산 정상 부근의 정취는 어느 하나만으로 만들어지는 것은 아니다. 정상에 우뚝우뚝 제멋대로 솟아 있거나 뒹구는 기기괴괴한 바위들과 푸석푸석한 돌들 그리고 그 틈을 비비고 피어 있는 갖가지 작은 꽃들, 화사한 진달래, 침묵하는 고사목 그리고 발밑을 간지럽히는 풀잎 하나까지도 모두 모여서 이루어 내는 것이다.

정상에서 동편으로 내려와도 시로미와 누운향나무밭은 다른 데나 한가지다. 한라산 정상을 에워싸고 있는 것은 누운향나무와 시로미 그리고 진달래와 구상나무이다. 이들은 각각 그 외형이나 풍기는 맛, 용도가 아주 이질적이다. 그러나 그것들이 모여서 사시사철, 밤과 낮을 가리지 않고 한라산 정기를 북돋우고 지키며 살아간다. 동편 관목 지대를 지나면 작은 솔밭이 나오면서 멋없는 산행길이 이어진다.

이처럼 한라산 정상 주위 적어도 고도 1,500미터 안팎 부근은 겉으로 보기에는 멋없고 여유가 없는 메마른 산이나, 시로미나 누운 향나무와 구상나무와 고사목 들이 산의 정취를 오히려 신비롭게 만들어 준다. 산 정상의 메마름은 곧 이어지는 울창한 나무숲 지대로 하여 그 외모의 빈곤에도 더 깊은 산의 맛을 전해 준다.

털진달래 군락 한라산 정상에는 5월이 되면 핏빛 같은
털진달래가 무리를 지어 핀다.(옆면)

한라산의 아름다운 명소들

백록담

시인 정지용은 백록담의 정취를 이렇게 그의 시에 담았다.

귀신도 쓸쓸하여 살지 않는 한모롱이, 두체비꿀이 낮에도 혼자 무서워서 파랗게 질린다.

—'백록담'의 한 구절—

1939년 4월에 발표한 이 시에서 식민지 치하의 우울한 심정을 달래러 이 절해고도 한라산 백록담을 찾았던가. 영산 한라 정상 백록담에서 그는 그토록 섬뜩한 고독을 안고 내려갔던가. 그때 시인의 빈 가슴에 안겨온 백록, 무서운 고독만이 깔려 있었던 백록담에, 그로부터 반 세기가 지난 오늘, 백록담은 사람들의 거친 다리와 내뿜는 독기 때문에 천천히 말라가면서 노쇄해져 가고 있다.

백록담을 빼놓고 한라산을 생각할 수 없다. 그러나 실상 백록담에 올라가 산 분화구 겉모습만 보고는 모두들 실망할 것이다. 그러나 그것이 백록담의 전부는 아니다. 외따로 떨어져 있는 메마른 제주섬 최정상에 이만한 물이라도 고여 있다는 것은 어찌 보면 신비로운 일이다. 비가 내려 분화구 안으로 모여든 빗물이 모여 못이 이루어졌다고 생각하는 것은 너무나 단순하다. 백록담은 한라산과 제주섬에 대한 상징적 의미도 지니고 있다. 아무리 가뭄이 극심해도 이 분화구의 물은 마르지 않는다는 사실이 바로 그 상징의 핵심이다.

1,950미터 한라산 정상은 마치 솥에 물을 담아 놓은 모양과 같다고 해서, 부악(釜岳)이라는 이름붙여진 내력도 이해가 간다. 이 분화구 둘레는 약 4,000여 미터, 제일 높은 곳인 한라산 정상은 분화구의 서쪽 둔덕이다.

분화구 안에 있는 못은, 옛날 신선들이 하늘에서 내려와 백록을 희롱하며 놀았다 해서 이름이 백록담(白鹿潭)이라 불려졌다 한다. 제주를 찾는 시인 묵객들이나 선비들 그리고 지방의 높은 관리들은 꼭 한라산을 유람차 오르면서 이 백록담에서 아름다운 제주 산하를 한눈에 내려다보고, 백록담에 얽힌 전설을 음미하면서 산정의 풍광을 즐겼다 하니, 그들은 모두가 백록과 더불어 놀았던 신선의 풍취를 닮으려 했을 것이다. 특히 이 백록담에는 초여름까지 눈이 남아 있어서, 그 정취가 더욱 이채로워 '녹담만설(鹿潭晩雪)'이라 하여 '영주 10경'의 하나로 꼽혀졌다. 그러한 풍정을 말해 주듯이, 동쪽 석벽에는 시인 묵객들이 장난삼아 새겨 놓은 마애명(磨崖銘)이 남아 있다고 한다.

백록담은 그 깊이가 약 100여 미터이고 넓이가 30여 정보가 되는데, 밑바닥이 약간 비스듬히 되어 있어서 물은 한쪽에 채워져 있다. 물이 없는 곳에는 키 작은 구상나무와 고사목들 그리고 누운향나무, 시로미, 진달래를 비롯해서 섬매자나무, 매발톱꽃 등 고산식물 여러 종이 자라고 있다. 그러나 백록담의 진정한 정취는 분화구 안에서 찾지 않는다.

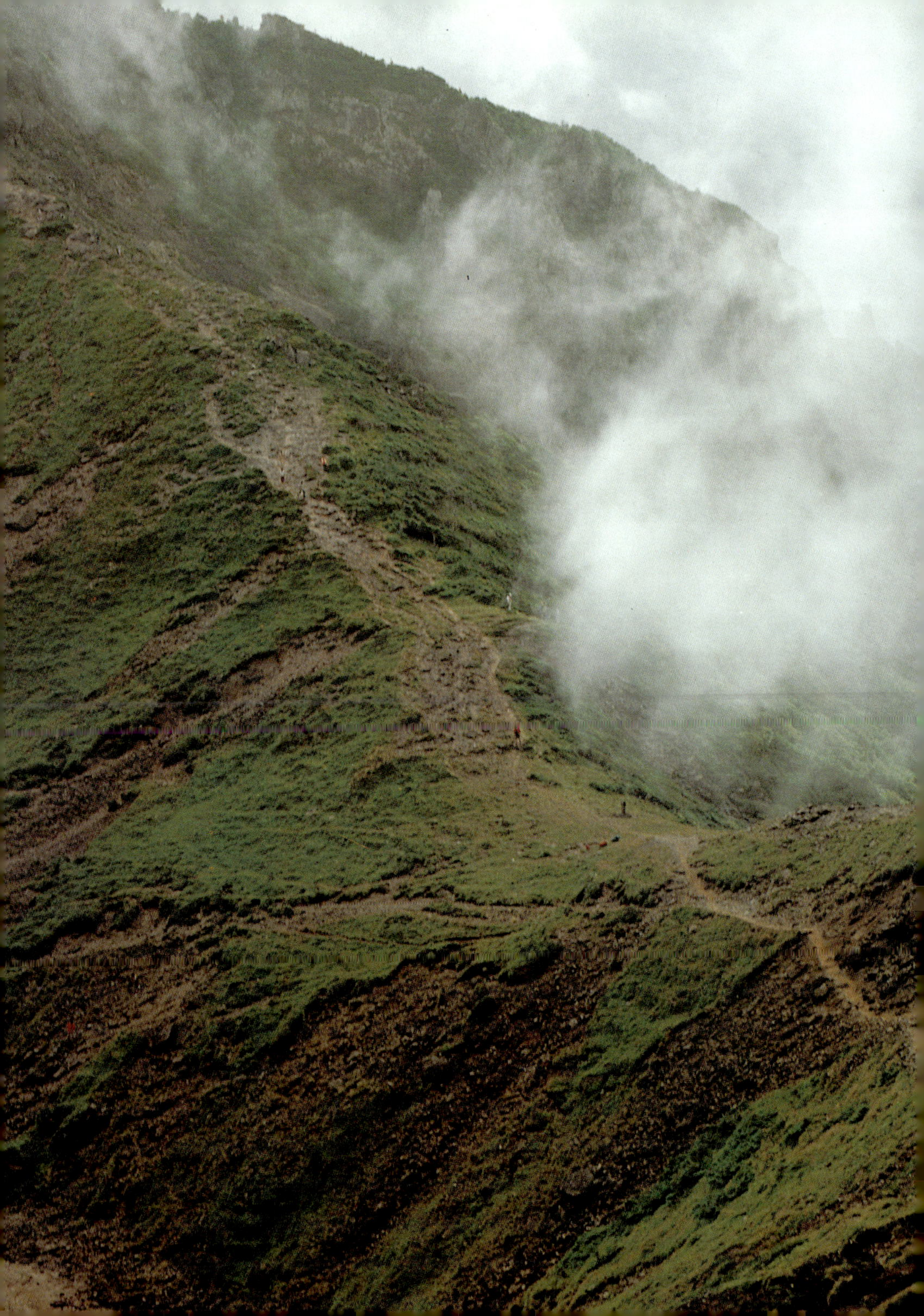

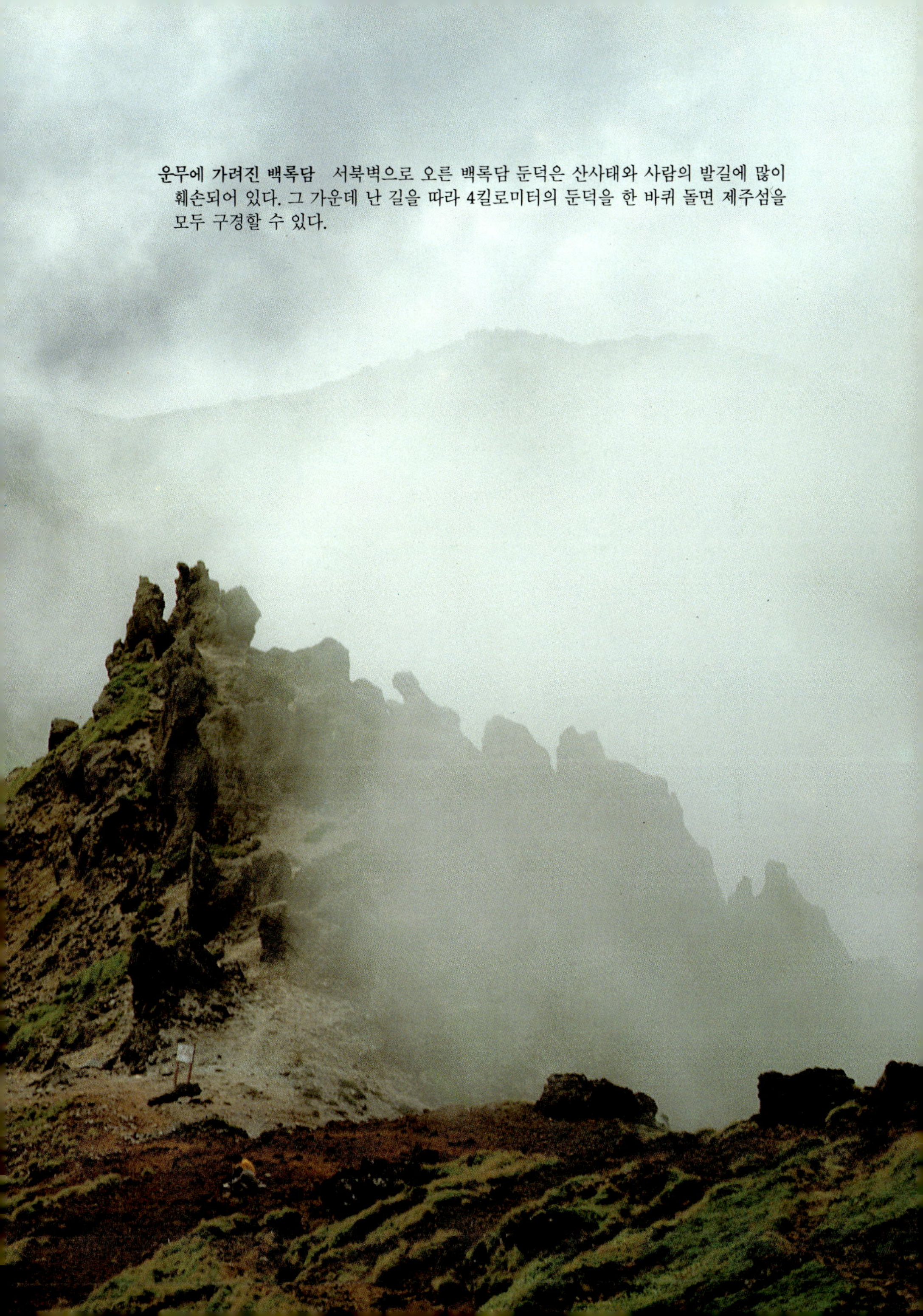

운무에 가려진 백록담 서북벽으로 오른 백록담 둔덕은 산사태와 사람의 발길에 많이 훼손되어 있다. 그 가운데 난 길을 따라 4킬로미터의 둔덕을 한 바퀴 돌면 제주섬을 모두 구경할 수 있다.

　분화구 둔덕에 올라 4킬로미터쯤 되는 둘레를 한 바퀴 돌면, 제주 섬을 해안 도로로 다 돌아다닌 것이나 다름없다. 분화구 안에 있으면 아늑한 바람막이에 미치 고향집 마당에 앉아 있는 기분이지만, 둔덕에 올라서면 비로소 산의 높음을 알게 되고 자신이 마치 하늘에 두둥실 떠 있는 듯한 환상을 맛보게 된다.

　눈 아래 펼쳐진 지세(地勢)는 바로 고향 마을 채마밭처럼 생각된다. 훌쩍 뛰어내리면 고향집 마당에 다다를 것 같다. 마른 풀이나 장작으로 불을 지펴 저녁을 짓던 때에는, 중산간 부락 집집에서 피어오르는 저녁 연기가 손에 잡힐 듯하고, 마을 집집으로 들어가는 골목길까지 한눈에 들어올 정도로 가깝게 보인다.

　이른 아침, 백록담 동쪽 둔덕에 서서 동해 해돋이를 보면 세상에서 맛보기 어려운 신비감을 비로소 느낄 것이다. 그것은 가슴 벅찬 황홀이다. 산과 바다와 하늘과 그리고 태양이 하나로 어우러지는 우주의 어떤 조화 속에, 마른 풀같이 보잘것없는 자신이 같이 끼어 있다는 사실을 아는 순간 엄숙한 희열에 젖어들게 된다. 바다를 붉게 물들여 놓았던 붉은 기운이 천천히 위로 퍼져오르면서, 눈 아래 망망한 초원 지대를 거쳐 천만 년 신비에 싸여 있는 숲을 꿰뚫고 한라 정상으로 건너와 작은 몸을 감싼다. 그즈음이면 아직도 아침 안개 속에 잠자던 오름들이 잠자리에서 서서히 눈을 비비며 일어나 앉는다. 성산포 앞에 돌출되어 있는 일출봉 전경이 번듯하게 드러나면서 손을 내밀면 손바닥 안으로 들어올 것처럼 가까이 몰려온다. 백록담 정상에서 아침 해돋이 광경을 본다는 것은 한라산에 오른 사람 가운데에서도 선택된 자만이 지닐 수 있는 특권이다.

　맑은 대낮에 백록담에서 북쪽을 바라보면, 좀 복잡한 제주시가를 너머 태평양 푸른 물 위에 마치 철모를 덮어 놓거나 아니면 표류하는 구명선이나 나뭇조각처럼 수없이 떠 있는 다도해 섬들을 볼 것이다. 그러면 반도의 남단을 얼른 손에 넣을 수 있는 듯한 오만스러운

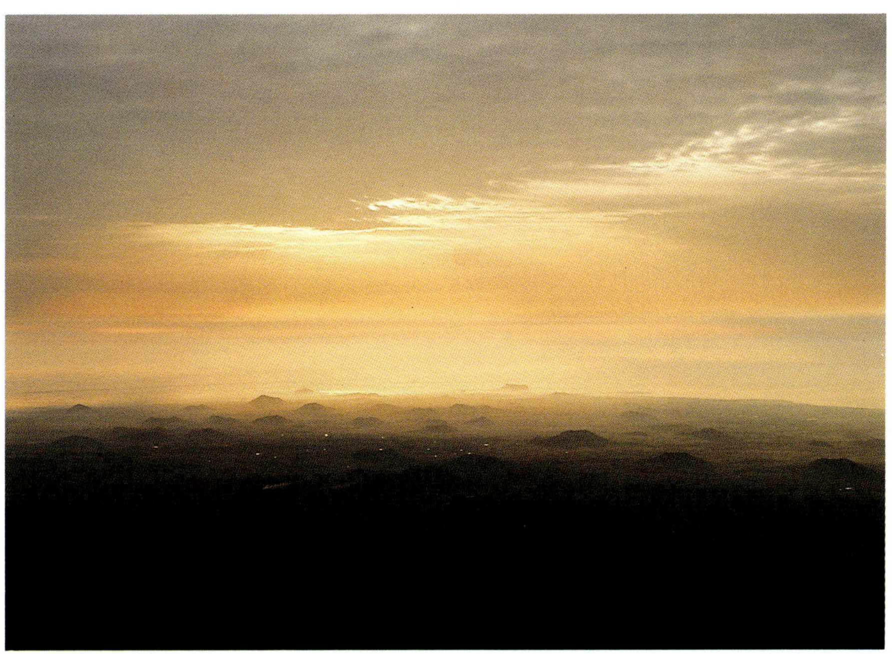

정상에서 본 일출 광경

착각에 빠진다. 저녁 무렵, 서편을 향해 지는 해를 바라보는 그 정황도 황홀경에 가깝다. 남쪽 바다로 눈을 주면 서귀포와 중문 해안가에 떠 있는 섬들이 마치 데리고 노는 이들의 장난감처럼 귀엽게 보인다.

맑은 날, 이 백록담 정상을 한 바퀴 돌면서 발 아래를 내려다보면, 한라 주봉(主峰)에 따른 갖가지 모양을 드러내며 앉아 있는 많은 오름들이 마치 자신이 데리고 다니는 부하들처럼 친하고 하찮게 생각된다. 구한말 제주에 귀양왔던 최익현도 귀양에서 풀리자 곧바로 한라산을 올랐다. 그도 이 백록담 정상에서 인간과 자연에 대한 감회를 숨기지 못했다.

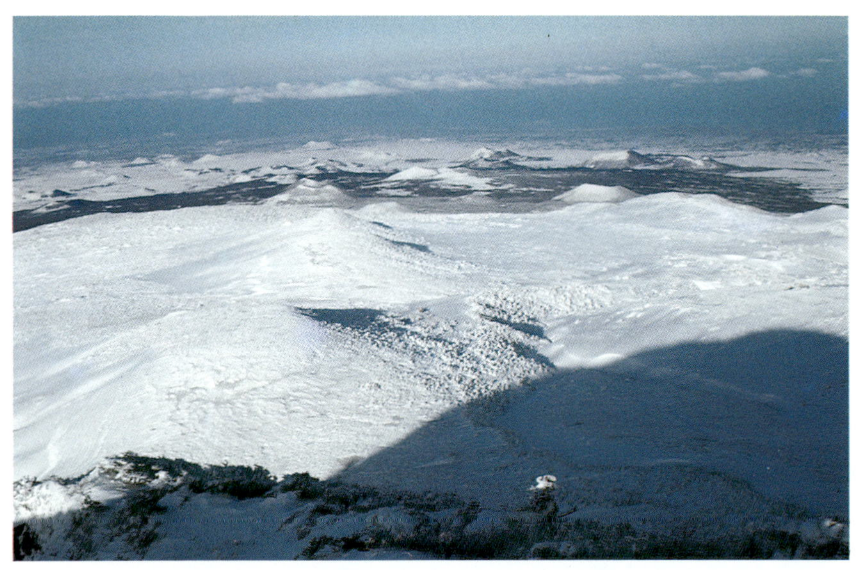

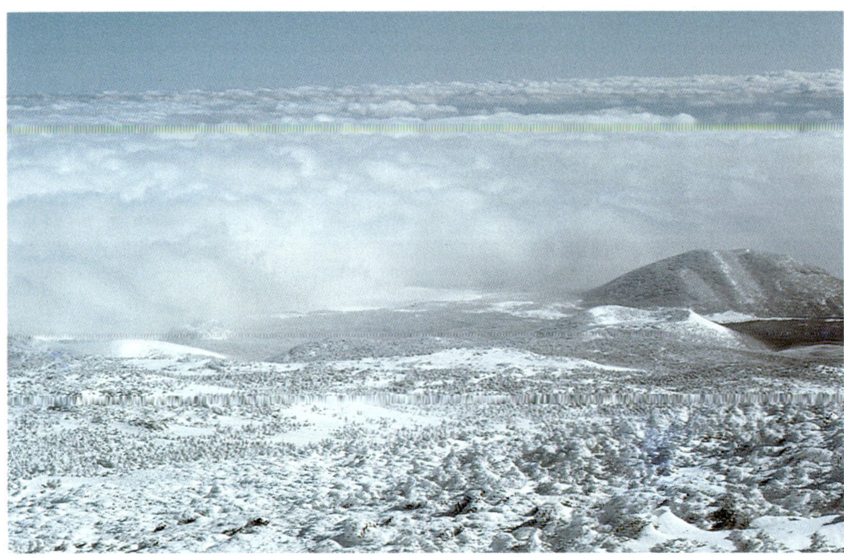

정상에서 바라본 서쪽 설경(맨 위)과 동쪽 설경(위)

높고 넓어 바로 일월과 함께 오가며 풍우를 타고 살고 있구나. 그리하여 의연히 세상을 버리고 먼지를 떠나 있구나…… 위를 보면 별들이 다가오고 아래로 인간들이 사는 세상을 굽어볼 수 있다. 왼쪽을 돌아보면 부상(扶桑)이 있고, 오른쪽은 서양에 이어지며 남쪽으로는 소주(蘇州)와 항주(抗州)를 가리킬 수 있고 북쪽으로는 대륙과 맞닿아 있다…… 소동파로 하여금 그날 먼저 이곳에 이르게 했더라면 이른바 '빙허어풍 우화등선(憑虛御風 羽化登仙)'의 시구를 어찌 그 정도로 끝낼 수 있었을까.

백록담에서 보는 한라산 정상 주위 풍광 또한 아름답다. 그것은 눈을 즐겁게 해주는 아름다움에 그치지 않고, 자연과 인간과 우주에 대한 작은 상념들을 줄줄이 엮어 내게 하면서 어떤 외경의 경지로 빠지게 한다. 산정에 오른 사람만이 웅혼한 자연 앞에 아주 왜소함을 비로소 확인하게 되는 것이다. 더구나 작은 제 몸체만이 아니라, 산 아래 기슭에 올망졸망 모여 사는 인간살이 모두가 마치 어린아이 소꿉놀이처럼 느껴진다. 그러기에 이 산정에 서면, 사람이 누리는 시간과 사람이 사는 공간을 잊어버리고 신의 언어와 그 공간을 생각하게 된다.
그런 때문인지 이 백록담에 얽힌 전설들도 많다. 그것들은 인간이 신의 모습을 닮으려는 데서 빚어진, 신의 언어를 흉내 낸 언어의 희롱이라 할 수도 있겠지만, 어쩌면 인간의 부질없는 꿈과 욕심의 결과이기도 하다.

옛날에 힘이 세고 활을 잘 쏘는 사냥꾼이 있었다. 그런데 그날은 이상하게 사냥이 신통치 않았다. 온종일 산을 뒤져도 새 한 마리 잡지 못했다. 그래서 빈손으로 집으로 돌아가려는데, 마침 새 한 마리가 바로 머리 위로 지나가 맞은편 바위 위에 앉는 것이었다. 그는 재빨리 활의 시위를 당겼다. 그러나 새는 맞지 않고 '포르르' 날아가더니 좀 떨어진 바위 위에 앉아 버렸다. 사냥꾼은 다시 한 발의 활을 더 쏘았다. 그러나 허탕이었다. 화가 난 사냥꾼은 다시 세번째 시위를 당겼다. 그런데 그 화살은 새를 맞히지 못하고, 낮잠자는 해님의 배를 맞히고 말았다. 화가 난 해님은 벌떡 일어나면서 사냥꾼이 서 있는 한라산 정상을 걷어찼다. 그 바람에 산꼭대기가 획 잘려나가 앞 바닷가에 떨어졌다. 그것이 안덕면 사계리 지경 바닷가에 있는 산방산이 되었고, 한라산 정상은 움푹 들어가 버렸다.

이러한 전설은 백록담 분화구와 산방산의 모습이 비슷하다는 것을 소재로 해서 만들어진 지형 설명 전설이다. 이 이야기 속에는 인간의 초자연적인 어떤 대상과의 갈등이 은연중에 나타나 있다. 사람들이 해님과 함께 살기를 소원했던 전설 시대의 이야기이다. 또한 다음과 같은 전설도 전한다.

하늘에서 내려온 신선들은 백록담과 그 아래 산의 아름다운 곳을 찾아 놀았다. 그런데 백록담에는 선녀들도 내려와서 그 깨끗한 물에 목욕을 하고 놀다가 때가 되면 하늘로 올라가곤 했다. 그러한 사실을 안 어떤 신선은, 목욕하는 선녀를 한번 보고 싶었다. 어느날 그 신선은 다른 신선들이 다 산 아래로 유람을 떠났지만, 혼자 외따로 떨어져서 바위틈에 숨어 목욕하는 선녀를 몰래 훔쳐보았다. 한참 목욕을 하던 선녀가 인기척에 이 사실을 눈치채고는 그만 소리를 질렀다. 그 바람에 옥황상제가 놀라게 되었고 하늘 나라에서는 소동이 벌어졌다. 이 사실을 안 신선은 겁을 먹고 산 아래쪽으로 도망쳐 뛰어내렸는데 그 자리가 움푹 들어가서 용진각이 되었다. 신선은 옥황상제의 진노를 피하기 위해 급히

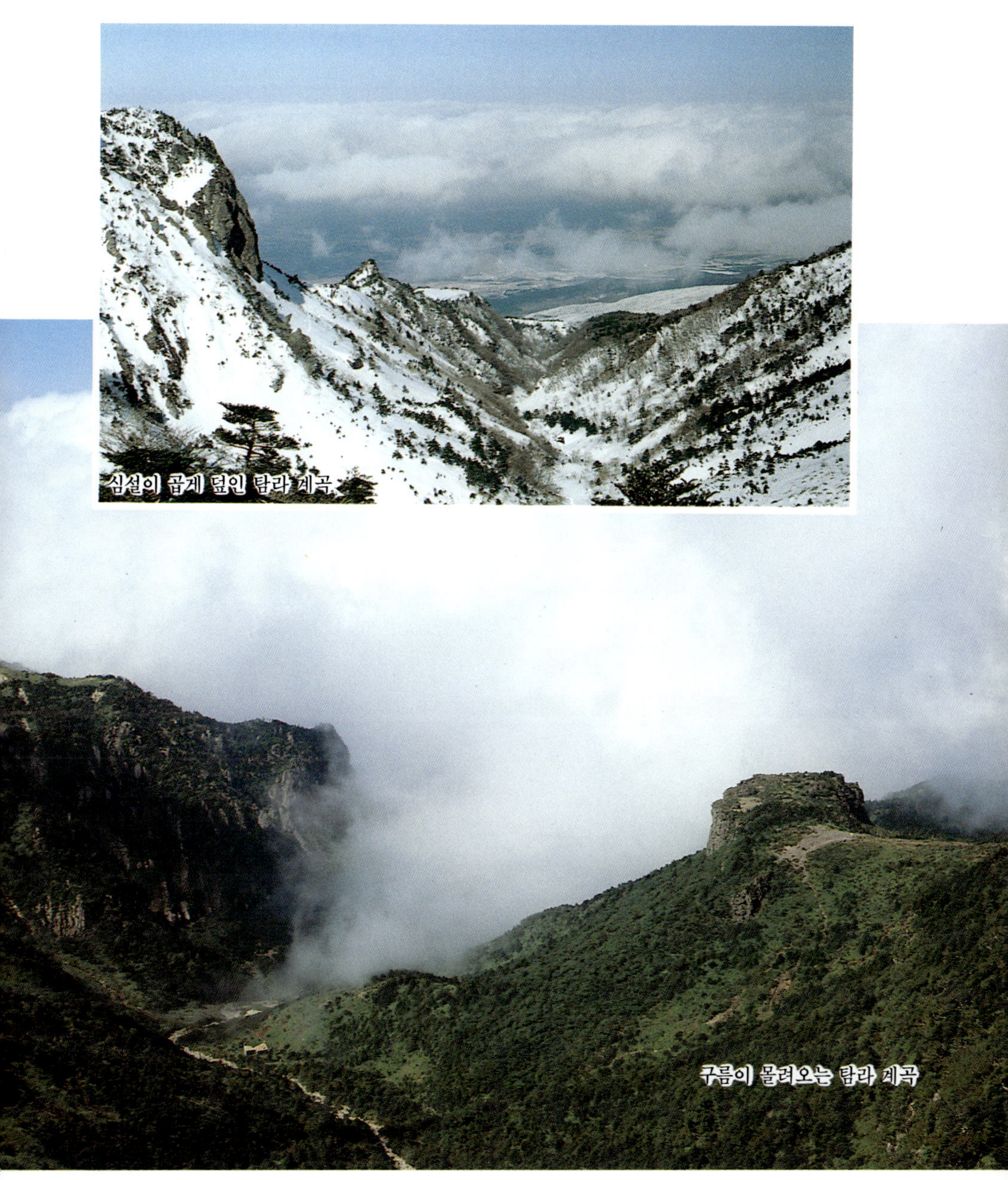
심설이 곱게 덮인 탐라 계곡
구름이 몰려오는 탐라 계곡

산 아래로 마구 달음질쳤으며 그 자리마다 깊게 패어서 계곡이
되었는데 그게 바로 탐라 계곡이다.

이처럼 백록담에 대한 이야기는 신화적이다. 그것은 하늘과 맞닿
아 있는 한라산 지형에 대한 사람들의 소박한 관심의 표현이다.
누구나 이곳에 오면 세상의 필부가 아니고 모두 신선이 된다. 불로
초를 찾아 헤매다가 진한 진달래 빛깔에 놀라기도 하고, 마른 바위
틈에 피어 있는 들꽃에 가슴을 두근거리기도 한다. 누구나 이 산에
이르면, 인간 생활을 잊어버리고 번잡한 세상 일에 놓쳐 버렸던 자
아의 작은 숨결 소리를 비로소 듣게 된다.
　제주 출신 시인 김종원은 이러한 백록담의 꿈과 현실을 다음과
같이 노래했다.

　입이 없어 할 말을 잊은 건 아니어라. 차라리 벙어리가 되고
싶은 남해의 고아여라. 고삐 풀린 구름 식솔 거느리고 멀리 대륙
을 부르는 당신은 바로 하늘일 수도 땅일 수도 없는 천형(天刑)
의 기다림이어라.
　　　　　　　　　　　　—'백록담' 한 구절—

외롭게 바다 한가운데서 소리지르며 솟아올라 홀로 빈 하늘과
짝하여 버티어 있음은 고고함일 수만은 없다. 그것은 정말 숙명적인
아픔, 고독이고 또한 그 산자락에 기대어 살고 있는 제주 사람들의
피할 수 없는 고통스러운 삶 자체이기도 하다.

한라산의 설경

맑은 날을 택해서 한라산을 올라본 사람들은 자칫 이 산을 얕보아 하찮게 생각할 수도 있다. 구두 신고 신사복 차림으로라도 아침에 등산길에 들어서서 한나절이면 거뜬하게 오를 수 있는 산이 한라산이다. 더구나 그 산이 1,950미터로 한반도에서 세번째 높은 산이라는 사실을 놓고 생각하면, 이들은 산을 우습게 생각할 수도 있다. 그렇게 한라산과 만난 사람들은 한라산은 별맛이 없는 싱거운 산이라고 한결같이 평한다. 그러나 한라산은 항상 이렇게 단순하고 온순하며 별맛이 없는 싱겁지만은 않다. 설사 그렇게 대수롭지 않게 산을 오르는 사람이 아니더라도, 평상시 한라산은 대체로 온순한 편이고 사람들을 멀리하지 않는다. 어쩌면 정해진 등산로를 따라 정상을 오르는 데도 별 어려움이 없는 산이다. 칠십 노인들도 끄떡 않고 오른다.

그러나 겨울 바람에 눈보라가 휘몰아치는 날이나, 비바람에 시야가 가려지는 날에야, 비로소 한라산의 또 다른 면을 알게 된다. 그것은 두 가지 점에서이다. 첫째는 정말 무서운 산의 진면목이고, 다음은 땅 위에서 찾아볼 수 없는 그 아름다움을 얻을 수 있음에서이다. 그러나 공포의 산이라고 해서 눈보라가 사람들을 억압하듯이 그렇게 폭군 같은 산은 아니다. 오히려 그러한 한라산의 또 다른 괴력을 통해서 산의 숨은 정(情)과 목소리를 인간들에게 들려 주기도 한다.

우선 겨울 한라산의 아름다움은 설화(雪花)에서 쉽게 만난다. 그것은 비단 한라산 깊숙히 들어가지 않아도 된다. 눈이 내리다 개인 날, 제주시에서 서귀포 쪽으로 관통하는 한라산 동서 양편 두 횡단로를 지나게 되면, 길가 숲에 때아닌 하얀 꽃이 피어 있는 것을 볼 것이다. 세상 갖가지 나무들이 평소에는 저마다 다른 꽃들

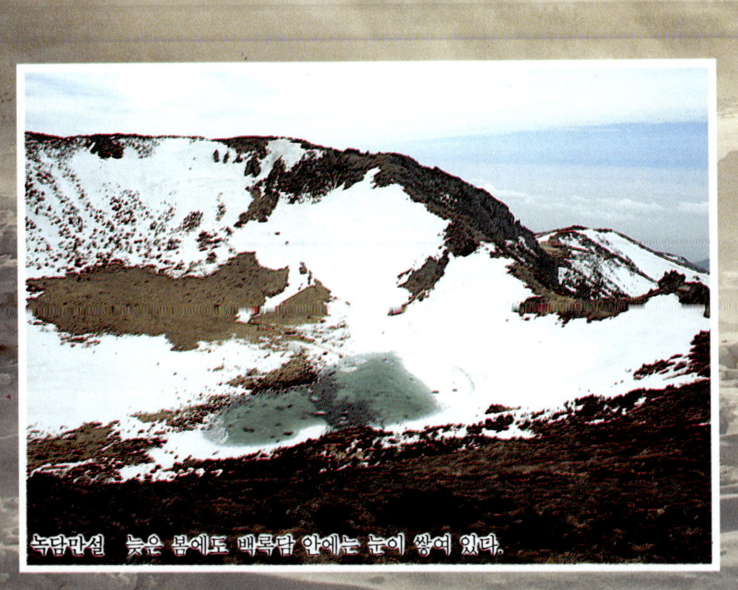

녹담만설   늦은 봄에도 백록담 안에는 눈이 쌓여 있다.

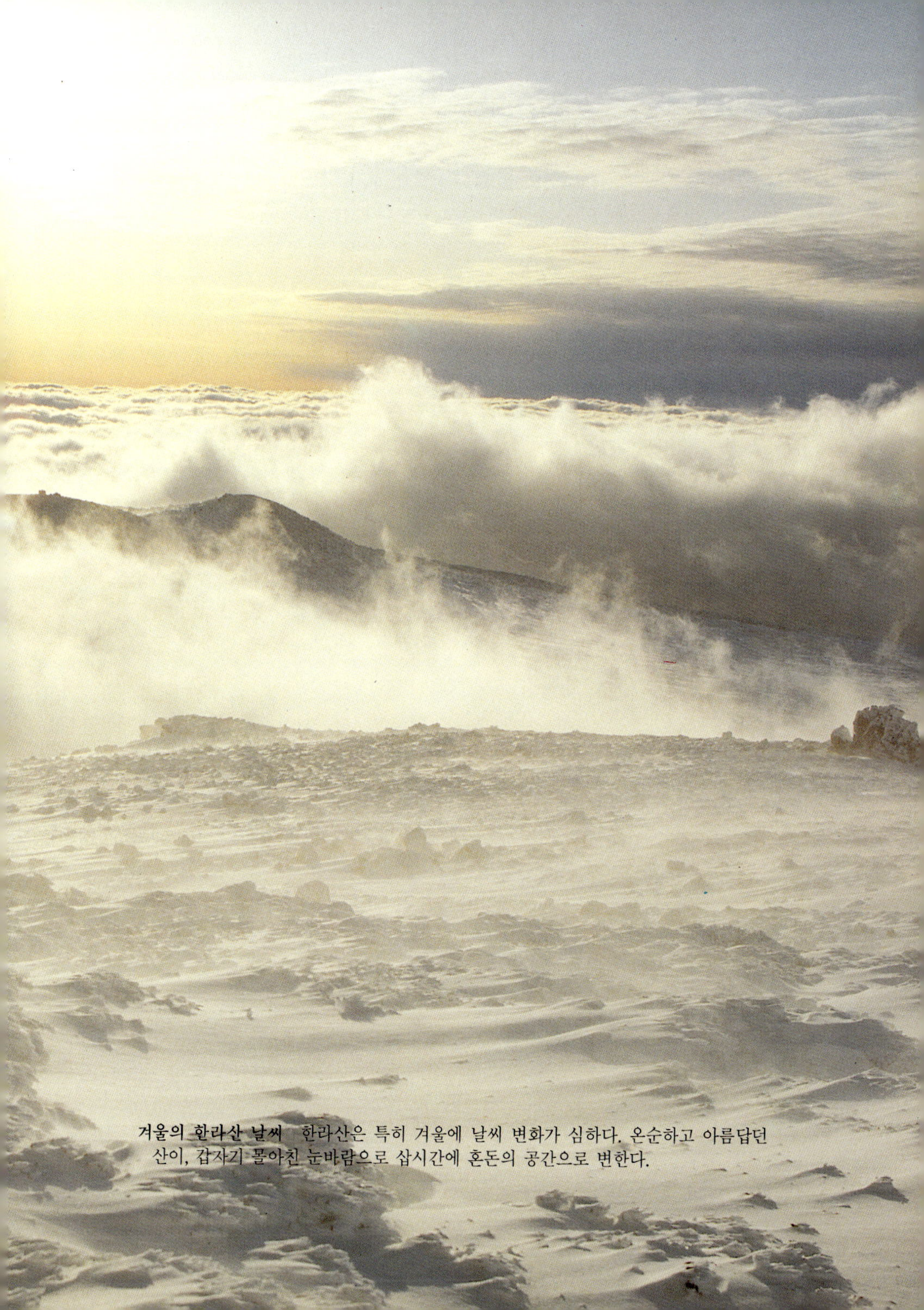

겨울의 한라산 날씨 한라산은 특히 겨울에 날씨 변화가 심하다. 온순하고 아름답던 산이, 갑자기 몰아친 눈바람으로 삽시간에 혼돈의 공간으로 변한다.

을 피우는데, 이때만은 자신의 꽃을 다 숨겨 두고 오직 다른 나무들
이나 풀들과 어울려 오로지 한 종류 눈꽃만 피운다. 그런데도 그
한 색으로 피어 있는 단조로운 꽃무더기가 지루하지 않고 오히려
더 아름답다. 얼어붙은 듯한 싸늘한 나무 겉몸체가 눈을 시리게
하는데, 그 가지가지마다 내려앉은 눈송이들이 그대로 얼어붙으면서
때아닌 꽃을 만들어 내었다. 그런데 그 꽃들 형상이 천차만별이다.

설화　눈이 만들어 내는 이 눈꽃은 모두 흰색이
지만 그 천태만상은 여러 가지 색으로 어우러
지게 핀 꽃보다 더 아름답다.

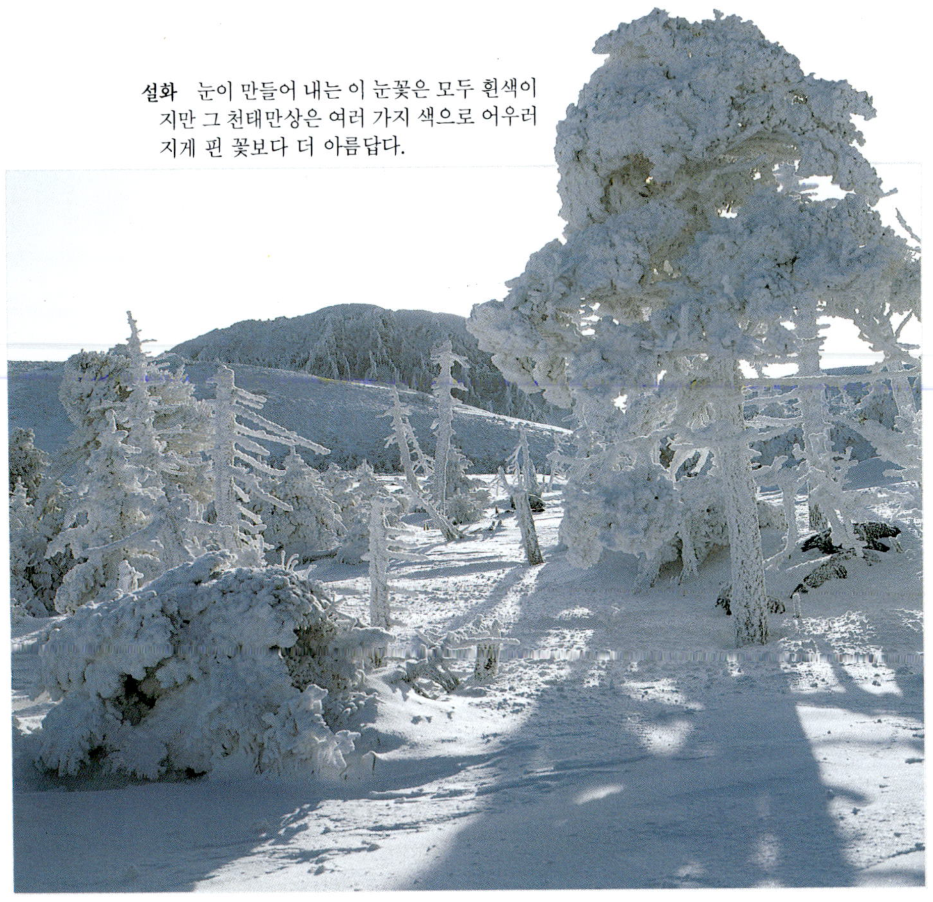

자신이 피우는 꽃을 색으로만 구별하지 않는다 하더라도, 곁에서 봐도 꼭 같은 눈꽃이라도 꼭 같지 않다는 것을 누구나 알 것이다.

그러나 제대로인 눈꽃의 절경은 수림 속으로 들어가서야 만날 수 있다. 눈이 발목을 감추도록 쌓인 산속으로 들어가면, 잡목 동아리는 찬바람에 닳을 대로 닳아져서 반들반들 윤기를 내면서 사람들 눈을 시리게 하면서 깨끗하게 씻어 준다. 그런데다 찬 겨울 바람에 말갛게 씻겨진 파란 얼굴을 내밀고 묵묵하게 버티어 있는 굴거리나무들을 만나면서, 겨울의 생기를 한껏 더 느낄 것이다. 그러다가 시야가 트이는 개활지(開豁地)나, 아니면 좀 높직한 계곡 바위에 올라 눈앞에 펼쳐진 빽빽하게 들어앉은 숲을 위에서 넘겨다보노라면, 숲이 솜처럼 부드러운 설화로 변해 있는 것을 발견할 것이다. 또 산정에 올라 설화가 빚어 낸 눈 아래 숲을 바라보면, 덥석 앉아 엉덩이로 비비고 싶을 정도로 설화 무더기는 친근하게 다가온다.

어떤 때는 관목이 띄엄띄엄 무리지어 있는 1,700고지 평원에서도 잔설이 마치 비단 요를 깔아 놓은 것처럼 엷게 깔린다. 얼굴로 비벼 보고 싶은 충동이 인다. 얼굴에 묻은 눈을 털고 고개를 갸웃거리는 누운향나무나 시로미덩굴들이 기지개 켜는 것을 보면서, 한라산 자체가 모두 정밀(精謐) 속으로 가라앉는 것 같은 편안함을 느끼게 한다.

설화의 맛은 그 외양의 아름다움에만 있지 않고, 그것이 풍겨 주는 이상한 편안과 안식에 있다. 더구나 철따라 제 꽃을 피우던 갖가지 나무와 꽃들이 온통 자기를 잊어버리고, 한 가지 꽃을 그렇게 열심으로 피우게 만드는 그 자연의 위대함을 다시 생각하게 한다. 제 잘났다고, 제멋에 취해 살아온 꽃과 나무들이 한겨울 눈을 만나면 자신을 모두 숨기거나 잊어버리고 오직 하나의 눈꽃을 피우는 것으로 스스로 만족해한다. 이 얼마나 아름다운 정경인가. 설화의 맛은 그 외양의 아름다움보다는 여기에서 더한다.

눈이 더 많이 쌓이고, 나무들이 눈의 무게에 견디지 못하여 어깨를 늘어뜨릴 정도가 되었을 때 눈꽃 또한 일품이다. 많은 눈과 차디찬 바람이 한꺼번에 몰려 오면, 눈이 나뭇가지에 내리는 그 순간에 얼어붙어 갖가지 모양을 만들어 낸다. 그래서 눈꽃은 투박하고 뿌리 내린 나무를 골조로 해서 엉성하게 빚어 낸 콘크리트 부조물처럼 그 모양이 이상야릇해진다. 그것만이 아니다. 바람에 의해 쌓인 눈이 이 지상에서 도저히 찾아볼 수 없는 기기괴괴한 형상들을 만들어 낸다. 그것은 아마도 사람으로 만들어 낼 수 없는 희한한 조각품들이다.

한라산 이곳저곳에, 돌을 의지하여 고사목을 골조로 해서 아니면 살아 있는 나무를 누워 있는 냇가의 바위에 의지해서, 사람들로서는 상상할 수 없는 형상들을 부드럽기나 아니면 오히려 투박한 질감으로 멋대로 만들어 낸다. 하늘이 내린 눈을 재료로 해서 바람과 날씨와 기온이 합작해서 만들어 낸다. 자연이 빚어 낸 이들의 언어는 인간들로서는 알 길이 없다.

한라산에 내린 눈이 엮어 내는 사연들은 이렇게 모두 아름다운 것만은 아니다. 눈이 내리다가 날이 하얗게 개일 때, 적당하게 쌓인 눈 벌판에 햇살이 잔잔하게 부서질 때 장구목 그 거대한 설벽 앞에 서면, 산과 눈의 조화를 이룬 겨울 한라에 대해 단지 아름답다고만 느꼈던 자신이 부끄러워진다. 그리고 한편 무섭기도 하고 죄스럽기도 하다. 그러면 사람들은 격렬한 감정의 요동을 한참이나 겪게 될 것이다. 그것은 바로 전율이다. 아름다움에 대한 전율이 아니라, 불가사의한 자연의 조화에 대한 성스러운 인식이고 경탄이다. 그것은 평화일 수도 있고, 아니면 안식보다 더한 휴식일 수도 있다. 자연의 조화란 바로 이런 것이다. 창조주가 세상을 만드시면서 일곱 번이나 '좋다'고 찬탄한 그 경지가 바로 여기에 있다. 사람들은 그렇게 많은 언어로도 이 정황을 표현하고 설명할 길을 잃어버리고는,

그저 침묵으로 언어를 대신할 것이다. 그것은 이처럼 산의 심원한 모습 앞에 인간의 사유가 하찮음을 문득 깨닫게 되기 때문이다.

그러나 그것도 잠깐이다. 갑자기 하늘이 어두워지면서 어디에 숨어 있었는지 하늘 끝에서 세찬 바람에 몰려 와서 눈앞이 어둑해진다. 사람들은 의외의 사태 앞에 두 손을 들고 만다. 산의 요사스러운 심술인지, 아니면 그 깊은 안식을 시기한 산신의 질투인지 세상이 순식간에 뒤바뀐다. 그렇게 아름답던 산과 눈과 햇살이 어울려 만들어 놓은 질서가 순식간에 뒤범벅이 되어 버린다. 아니 그러한 사유조차도 단절되어 버린다. 인간에게 다가오는 것은 공포뿐이었다.

겨울 등반 훈련 한라산은 곧잘 겨울 산악 등반 훈련장이 된다. 다정하고 아름다운 이 산은 산사람의 나태와 교만을 용서해 주지 않는 엄격함을 지니고 있기 때문이다.

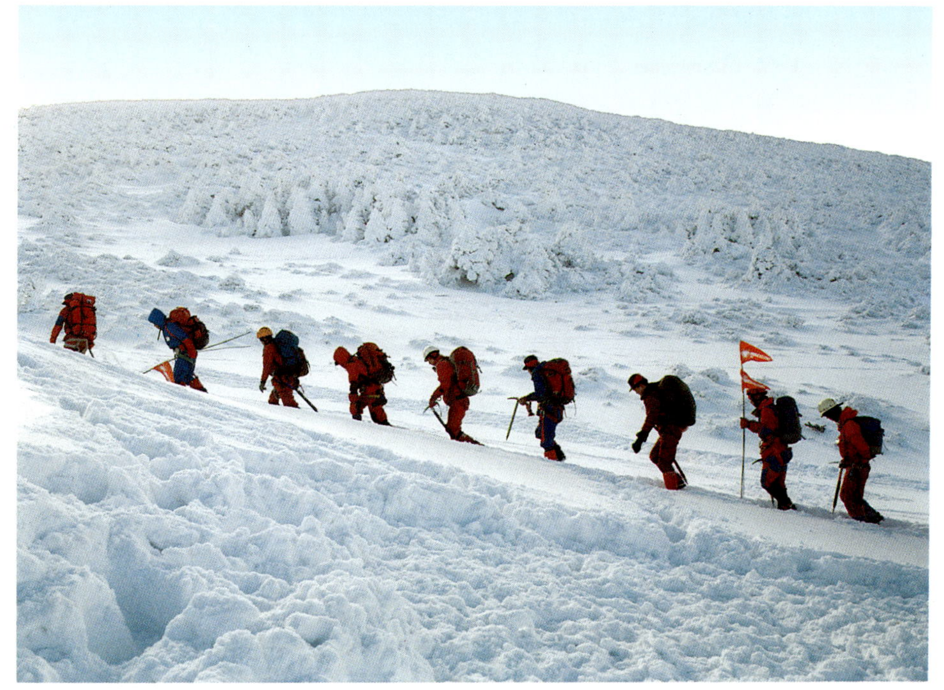

안식과 공포는 바로 함께 동거했던 것인가.

이러한 한라산의 겨울 날씨 때문에, 한라산은 산으로서의 위엄을 한층 더해 준다. 그래서 한라산 설원은 곧잘 해외 원정 등반대들의 겨울 산악 훈련장이 된다. 아무런 일도 일어나지 않았을 때는 어찌 보면 미련하게 보이기까지한 이 산이, 성난 모습으로 인간을 당황하게 만들 때가 많다. 그래서 사람들은 산 앞에서 겸손을 배운다. 그리고 질서의 순간에 평안을 느끼면서 곧 혼돈의 와중에서 겪게 될 시련과 고통을 준비한다. 그러나 산의 그러한 변덕스러운 몸짓은 결코 철없는 심술이 아니다. 그것은 인간을 사랑하는 또 다른 산의 마음일 것이다.

1만 미터에 가까운 산을 오르기 위해서 2,000미터도 안 되는 낮은 한라산에서 훈련을 쌓는다. 그 일을 바로 한라산이 맡는다. 여기에 한라산의 또 다른 진면목이 있다. 그러나 눈이 쌓인 한라산을 멀리서 보면 항상 여유 있고, 편안하고 아름답고 친근하다. 그러므로 제주 사람들은 눈 쌓인 겨울 한라산을 두려워하지 않는다. 그것은 허연 수염을 늘어뜨리고 대청마루 호령창문 옆에 앉아 계신 증조할아버지의 그 엄하면서 인자한 모습을 생각하게 한다.

영실 기암(靈室奇岩)

한라산 백록담 서남쪽으로 선작지왓을 지나 해발 1,600여 미터에 이르면 깊은 계곡이 나타난다. 둘레 약 2킬로미터, 깊이 350미터에 이르는 이 계곡은 그 주위에 수많은 기암 괴석들이 여러 형상으로 솟아 있어 장관을 이룬다. 계곡 안에는 맑은 물이 흐르고 암석들이 하늘을 향해 버티어 있고, 울창한 수림과 바위 사이에 어울리게 들어앉아 있는 나무들이며, 귀설은 새소리들 이러한 것들이 함께 어울려 장관을 이룬다.

절벽 동쪽은 500여 개가 넘는 이상야릇한 형상의 돌기둥들이 숲을 뚫고 치솟아 있어, 마치 장군들이 열병식을 받기 위해 서 있는 것처럼 보인다 해서 이곳을 '오백장군'이라 부르기도 한다. 또한 보는 이에 따라 이들 돌상들이 마치 부처가 서 있는 것으로 생각해서 '오백나한(五百羅漢)'이라 불리기도 했다. 서쪽 바위벽에도 1,000여 개가 넘는 돌기둥들이 바위에 붙어 갖가지 형상을 자아내어 신비감을 더해 준다. 사람들은 이 바위를 그 형상을 본떠서 '병풍바위'라 부르기도 한다.

이러한 자연 경관뿐만이 아니라, 철따라 이곳의 풍광은 특이한 아름다움을 연출한다. 가을에는 붉은 단풍들과 허옇게 빛 바랜 마른 천 년 돌이끼를 입은 돌기둥들이 단풍 사이를 헤쳐 나와 한데 어울린다. 그것들은 겨울을 재촉하는 한라 정상의 찬바람을 맞으면서도, 오히려 겨울 문턱에서 찬 계절을 기다리는 의연함을 잃지 않는다. 한겨울 눈속에도 돌기둥 표정은 변함이 없다. 장군이거나 세속을 초탈한 부처들이고 보면, 계절의 바뀜이 무슨 상관이랴.

그러나 늦은 봄 진달래 잔치판에서는 이들도 함께 취하지 않을 수 없다. 메마른 돌기둥에도 이때쯤이면 물이 오른다. 마른 이끼에 촉촉한 여유가 생기면서 한여름 무르익을 녹음을 기다린다. 이른 여름에 찾아드는 안개를 껴안고 깊숙한 사연을 소근거릴 때, 사람들은 누구도 이들의 표정을 읽을 수가 없다. 언뜻언뜻 사람의 눈앞에 나타났다가 안개 속에 숨어 버리는 거센 바람에 방향 없이 흔들리며 요동치는 안개 무리를 따라 순간 나타났다 사라지고, 반쯤 보이다가 없어지는 기암 괴석들의 잦은 변화가 보는 이로 하여금 또 다른 정취를 자아내게 한다. 그러나 바람이 자고 안개가 자욱하게 골 깊숙히 내려앉았다가 다시 피어오르면 영실은 침묵하던 그 자리에서 천천히 고개를 든다.

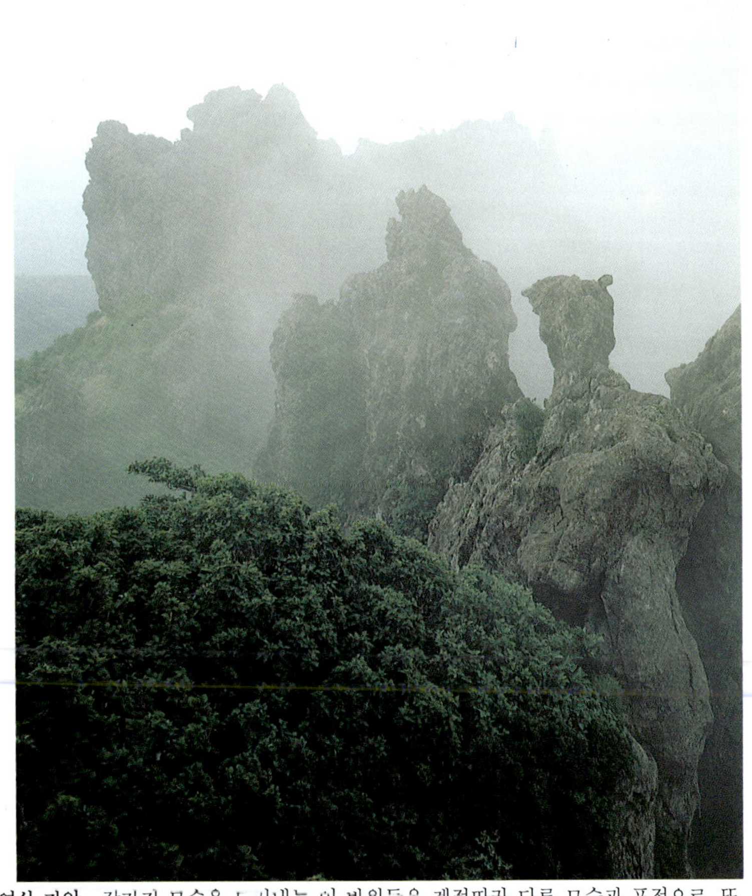

영실 기암 갖가지 모습을 드러내는 이 바위들은 계절따라 다른 모습과 표정으로, 또 거기에 숨어 있는 이야기로 사람들을 끈다.

더구나 이곳에는 언제고 물소리가 끊이질 않는다. 한라산의 계곡이 모두 갈천인데도 여기서는 샘 같은 물이 항상 흐른다. 이 물은 강정천(江汀川)의 근원이 되어서, 논이 귀한 제주에 몇 안 되는 논지대를 만들어 주는 귀중한 물줄기이다.

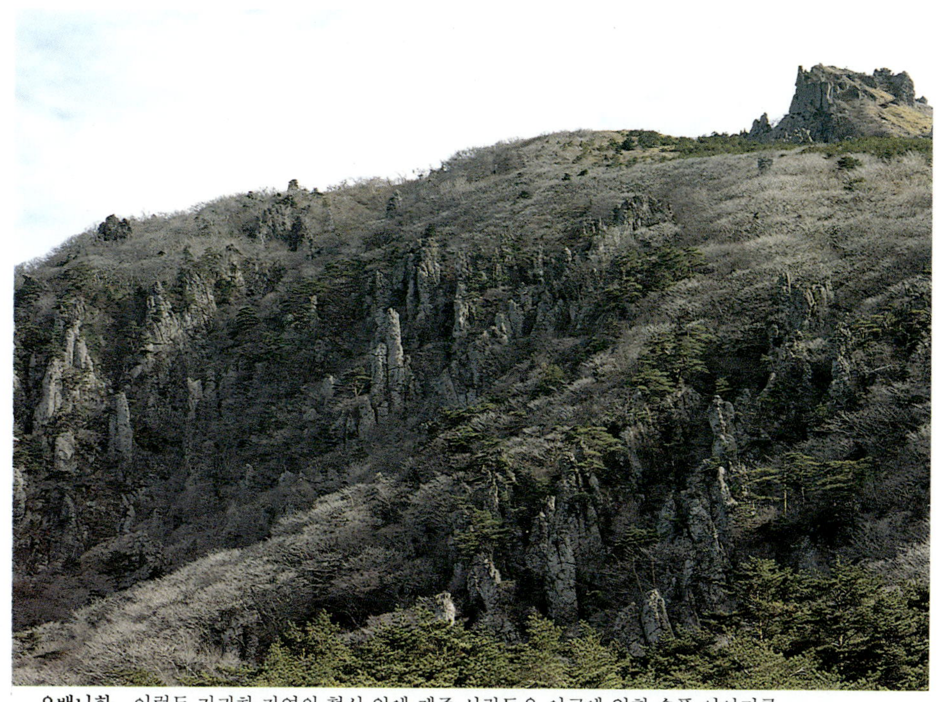

오백나한   이렇듯 기괴한 자연의 형상 앞에 제주 사람들은 이곳에 얽힌 슬픈 이야기를 생각한다.

이 영실에는 수많은 식물들이 자생하고 있다. 동편 암벽 쪽에는 흰진달래, 섬바꽃, 어수리, 구상나무, 제주백회(白會), 고채나무 등이 한데 어울려 원시림을 이루고 있다. 서쪽 벽에도 섬매자, 시로미, 주목, 병꽃 등 관목들이 숲을 이루고 있다. 식물 연구가들의 보고에 의하면, 이 계곡 안에는 약 450여 종의 식물들이 자생하고 있다 한다. 또한 이 계곡을 이루고 있는 절벽들도 그 지질이 서로 다르다고 한다. 서쪽 병풍바위는 잘 발달된 주상절리층(柱狀節理層)이지만, 동쪽 바위들은 모두 용암이 약한 지층을 찾아 분출하여 이루어졌다고 한다.

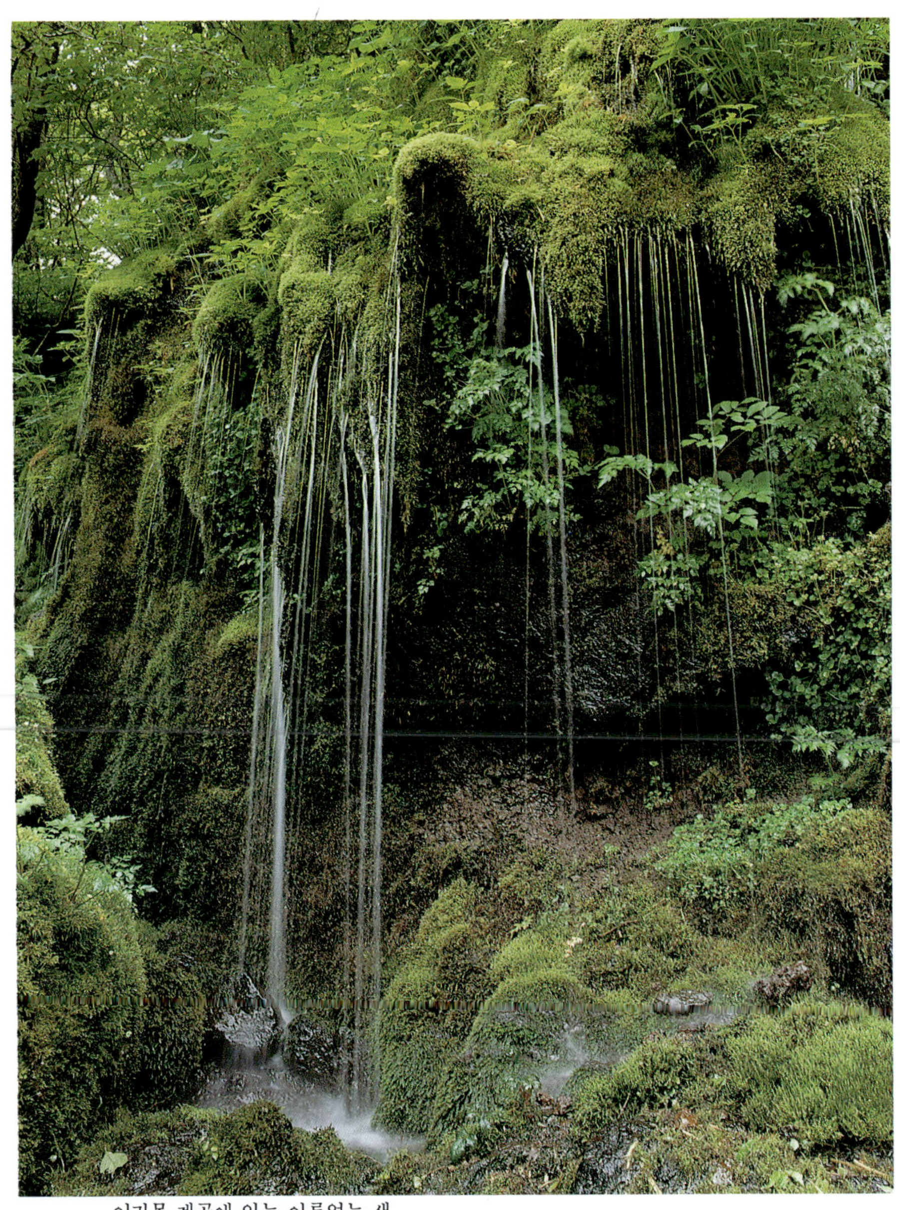

어리목 계곡에 있는 이름없는 샘

이러한 아름다운 자연 경관과 더불어 살아온 제주 사람들은 여기에서 많은 이야기를 만들어 내었다.

옛날 어떤 부인이 아들 500명을 데리고 살았다. 식구들은 많은데 마침 흉년이 들어서 끼니를 이어가기가 힘들게 되었다.

어느날 어머니는 아들들에게 "어디 가서 양식을 구해 와야 죽이라도 끓여 먹지 않겠냐"고 재촉했다. 그래서 500 형제 모두가 양식을 구하러 집을 나갔다.

아들들이 동냥을 얻어 돌아왔다. 어머니는 아이들이 얻어 온 양식으로 큰 솥에 죽을 끓이기 시작했다. 500명이 먹을 죽을 끓이기 위해서 그 어머니는 가마솥 가를 돌아다니면서 죽을 저었다. 그러다가 잘못해서 그만 죽 끓이는 솥에 빠져 헤어나지 못했다.

그런 사연도 모르고 아들들은 죽이 다 되자 모여들어 맛있게 죽을 먹었다. 그러다가 이상한 뼈다귀를 발견했다. 이상하다 생각한 아들들은 그제서야 어머니가 안 보이는 것을 알았다.

얼마 뒤에 아들들은 사실을 알았다. 먼저 그 사실을 안 막내동생은 하도 부끄럽고 한스러워서 집을 빠져나와 서쪽으로 달려가다가, 지금 한경면 고산리 바닷가 차귀섬까지 이르러서는 결국 바위가 되고 말았다. 집에 남은 형들도 그 사실을 알고는 너무나 한스럽고 슬퍼서 울다가 모두 돌이 되고 말았다. 그래서 지금 영실 오백장군은 사실은 499 장군인데, 한 장군은 차귀섬에 있다고 전한다.

제주 사람들은 장군처럼 또는 부처처럼 보인다는 이 아름다운 석상(石像)들에 하필이면 이처럼 한스러운 사연을 엮어 놓았을까.

왕관릉(王冠稜)

　한라산 해발 1,600미터 지점, 백록담 북쪽에 탐라 계곡이 시작되는 바로 위에 마치 왕관 모양의 바위산이 있다. 관음사 코스를 따라 오르다가 개미등을 건너 용진각에 들어서서 잠시 숨을 돌리고 동쪽 산허리로 눈을 주면 바로 가슴으로 안겨오는 산이 있다. 나무도 없고 온통 조면안질안산암(粗面安質安山岩)이 기둥 모양으로 절리(節理)되어 이루어진 한라산 곁봉으로는 특이한 산이다.

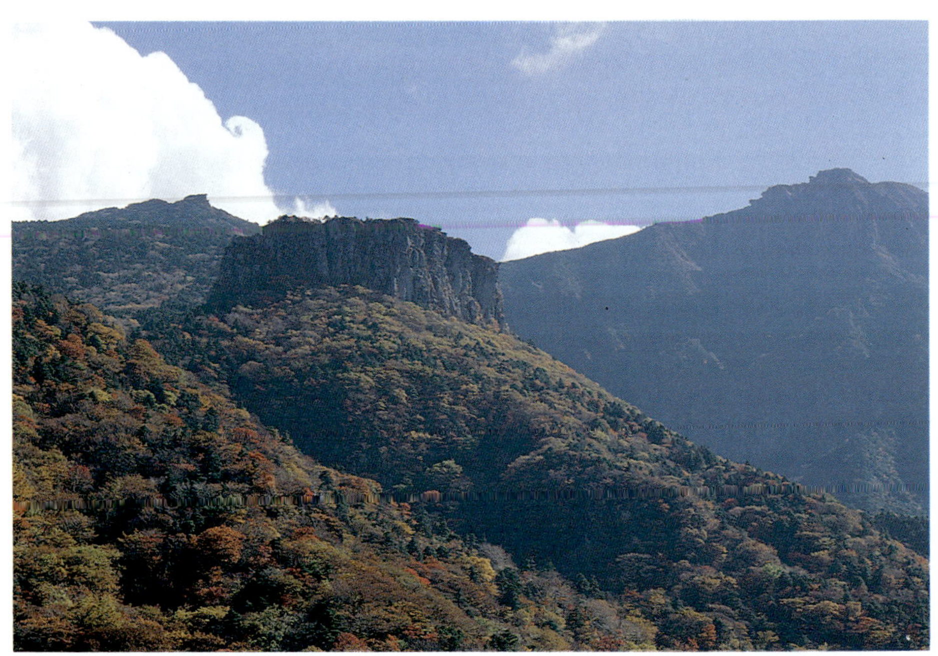

왕관릉　가을 단풍에 뒤덮인 한라산 정상 부근 왕관릉의 산세가 계절에 무심하게 뚜렷하다.

이 산은 백록담 정상 바로 아래에 있고, 그 아래로는 깊고 험한 탐라 계곡이 뻗어 있어 서로 대조를 이루면서 한라산 정상 부근의 풍광을 이채롭게 만들어 놓았다. 특히 해질 무렵 다른 계곡은 다 어둠이 내려앉고 있는데, 이 왕관릉만은 아직도 마지막 꺼져가는 엷은 햇살로 바위들이 투명하게 빛난다. 그때가 바로 자연의 왕관을 보게 되는 장관이다.

더구나 백록담에서 관음사 코스를 택해서 하산할 때 만나는 이 왕관릉의 맛은 좀더 특이하다. 백록담 북편 둔덕을 내려서면, 구상나무 숲속으로 난 길을 통해서 허리를 굽혀 허우적거리면서 내려와야 한다. 1시간 넘게 이 숲을 뚫고 나왔을 때 막 눈앞을 막아서는 것이 바로 이 왕관릉이다.

이 주변 식물로는 한라산 특산 시로미가 군락을 이루어 있고, 그 밖에 구상나무, 뽕잎피나무, 고채목, 진달래 등이 주를 이루고 있다. 왕관릉은 용진각을 사이에 두고, 서쪽은 장구목 그 아래 삼각 봉과 마주하여 한라 영봉을 북쪽에서 지키고 있다. 특히 겨울 한철 눈이 많이 쌓였을 때, 오후 맑은 햇살을 받았을 때면 정말 금관처럼 찬란한 빛살을 내쏘여 주위 골짜기를 아름답게 수놓는다. 더구나 이 산은 그 아래 펼쳐진 탐라 계곡과 지형적으로는 서로 엇갈리면서도, 그 산을 아름답게 만드는 데 어떤 조화를 이루고 있다는 점에서 의미있는 백록담 정상의 곁봉우리들이다.

어리목 계곡

어리목 계곡은 거의 갈천인 제주 한라산 내 가운데에 물이 흐르는 계곡이다. 어승생악(御乘生岳) 남쪽, 해발 약 1,000미터 지점에서부터 동남쪽으로 이어지는 계곡인데, 어승생 코스를 따라 산정을 향해

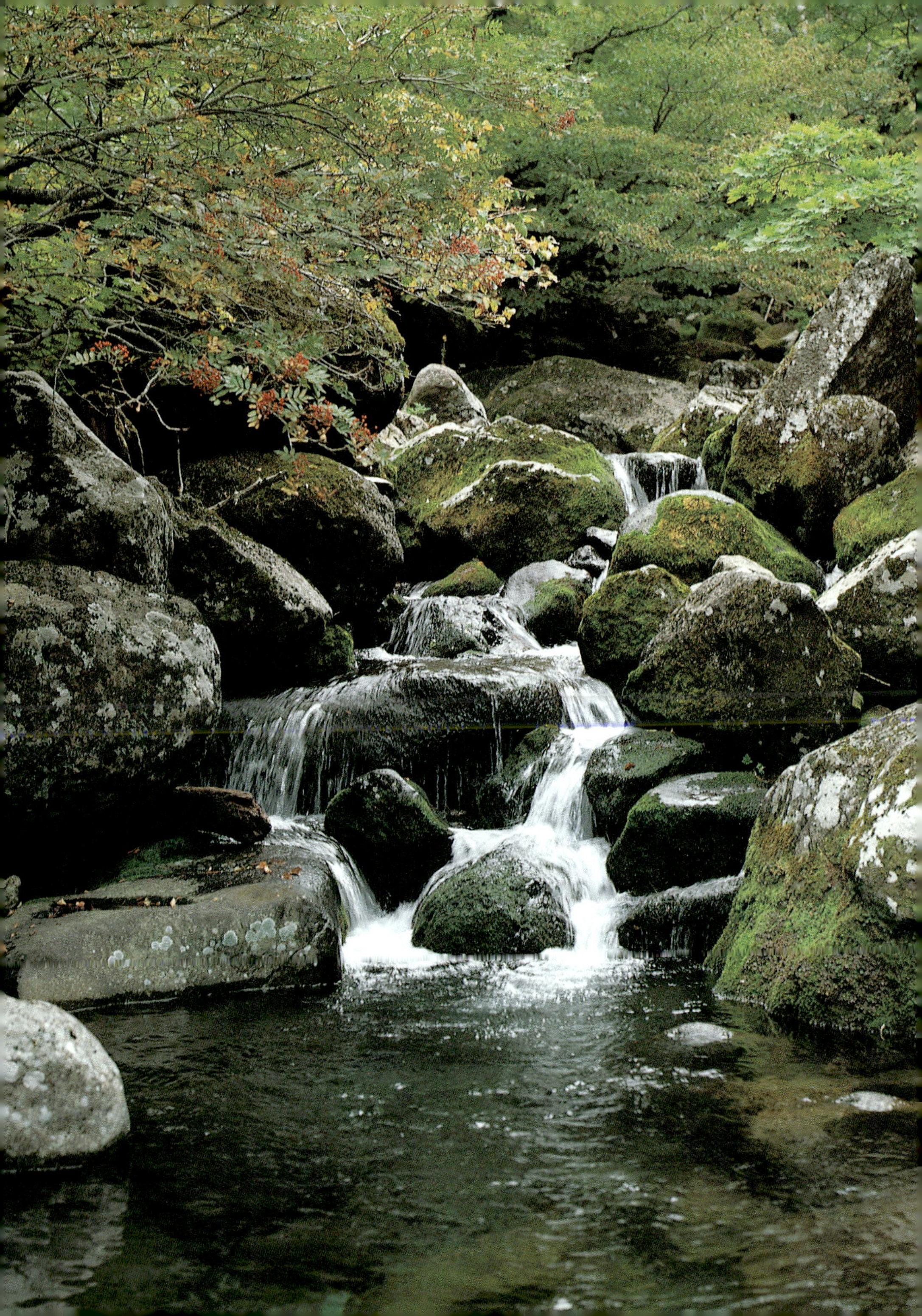

서 수림 속으로 들어가면, 어디선가 들려오는 물소리를 들을 수 있다. 이 계곡을 따라 올라가노라면 서쪽에 사제비오름, 동쪽에는 작은두레왓과 큰두레왓이, 더 정상으로 오르다가 해발 1,600미터 지점쯤에서부터 관목 지대가 나타난다. 이것을 가운데 두고 동어리목과 남어리목으로 나누어진다. 이 동·남어리목의 갈림점이 되는 곳쯤에서 용출량이 많은 수원지가 있다. 여기에서 흘러내린 물이 어승생 수원지로 이어져 제주시 사람들의 식수가 된다.

이 계곡을 따라 올라가노라면, 용암 분출로 굳어진 갖가지 암석들이 계곡에 드러누워 있는 것을 볼 수 있다. 그리고 이 계곡에는 키 큰 나무들이 수림을 이루고 있는데, 그 가운데에 '제주도 꽃나무'라고 말하는 참꽃나무를 볼 수 있다. 그 밖에도 이곳에는 단풍졸참나무, 개암나무 등이 주종을 이루고, 위로 올라가면 구상나무, 누운향나무, 주목들도 있다. 그리고 5월 초쯤에 계곡을 따라 오르다가, 발가벗은 몸을 활활 태우고 기다리다가 사람들 앞에 나타나는 영산홍도 이 한라산에서만 만날 수 있는 꽃나무이다.

어리목 계곡 상류　한라산에서 물이 흐르는 많지 않은 계곡 가운데 하나인 이곳의 물은 어승생 수원지까지 보내져 제주 사람들의 젖줄 노릇을 한다.(옆면)

한라산과 제주 사람들

한라산과 사람들 삶의 양식

한라산은 단순히 자연으로서의 산이 아니라는 데 다른 산과 유다른 점이 있다. 제주도 한가운데 버티어 있는 해발 1,950미터의 산이면서 제주 사람들의 삶을 구체적으로 설명하고 또한 제주 사람들의 삶의 역사를 구체적인 증거물로서 간직하고 있는 살아 있는 '역사'의 산인 것이다. 이는 억지로 설정한 하나의 이념이 아니라, 산과 제주 사람들과의 관계는 구체적인 상황에서 명확하게 설명한다. 그러므로 산에 대한 사람들의 인식의 변화나 그 산의 외면적인 형상의 변화 등은 곧 제주 사람들의 삶의 변화를 말해 준다.

우선 한라산은 제주 사람들의 존재론적 상황성을 간직하고 있다. 지축의 중심부에서 일어난 지각 변동에 의해서 바다 한가운데 용출되어 이루어졌다는 이 사실은, 단순히 지질학적 설명이라고만 여기지 않는다. 그것은 하나의 상징 체계로서 한라산 생성의 의미를 함축하고 있다. 한반도에서 멀리 떨어진 바다 한가운데 솟아난 이 섬과 산에 대해서, 중심부(中心部) 사람들은 왜 제3의 명산이니 영산(靈山)이니 해서 그 의미를 강조해 왔던가.

'설문대할망 전설'은 한라산의 생성과 제주 사람들의 존재론적인 상황성을 잘 설명해 주고 있다.

설문대할망은 거인(巨人)이었다. 그는 제주섬 안에 깊다는 못(池)들을 다 자신의 키로 재어 보았다. 아무리 깊은 못이라도 그가 들어가 서면 겨우 무릎 정도밖에 차지 않았다. 그는 한라산에 엉덩이를 깔고 앉아, 한쪽 다리는 제주 앞바다에 있는 관탈섬에 올려 놓고, 또 다른 다리는 서귀포 앞바다에 있는 지귀(地歸)섬이나 대정 앞바다에 있는 마라도에 올려 놓고서, 성산포 일출봉을 빨래 바구니로 삼고 우도(牛島)를 빨랫돌로 삼아 빨래했다. 제주도의 많은 오름(岳)들은 그가 삽으로 흙을 날라다가 한 줌 두 줌 집어 놓은 것이 그렇게 되었다. 오름들 중에 정상이 움푹 패어진 것들이 있는데, 그것은 그가 흙을 집어 놓다 보니 너무 많아서 그 봉우리를 탁 쳐버려 움푹 패어졌기 때문이다. 어느날 이 할머니는 제주 사람들을 모아 놓고, 자기에게 명주로 속옷 한 벌만 지어 주면, 육지까지 다리를 놓아 주겠다고 했다. 섬사람들은 의논을 했다. 그러나 그 할머니의 속옷을 만들기 위해서는 명주 100필이 있어야 하는데, 그것을 충당할 수 없었다. 그래도 사람들은 자기가 갖고 있는 명주를 다 내놓아서 할머니의 속옷을 만들기로 의논했다. 그러나 사람들이 가진 명주를 다 모아도 겨우 99필밖에 되지 않았다. 그래도 그것으로 속옷을 어떻게 만들어 보려 했으나 결국 실패하고 말았다. 그래서 제주섬과 육지 사이 다리는 놓아 주지 않았다.

이 설화는 거인 설화에 천지 창조 설화를 가미한 신화적 전설이다. 제주도 생성에 대해 설명하고 있다는 점에서 신화적 성격을

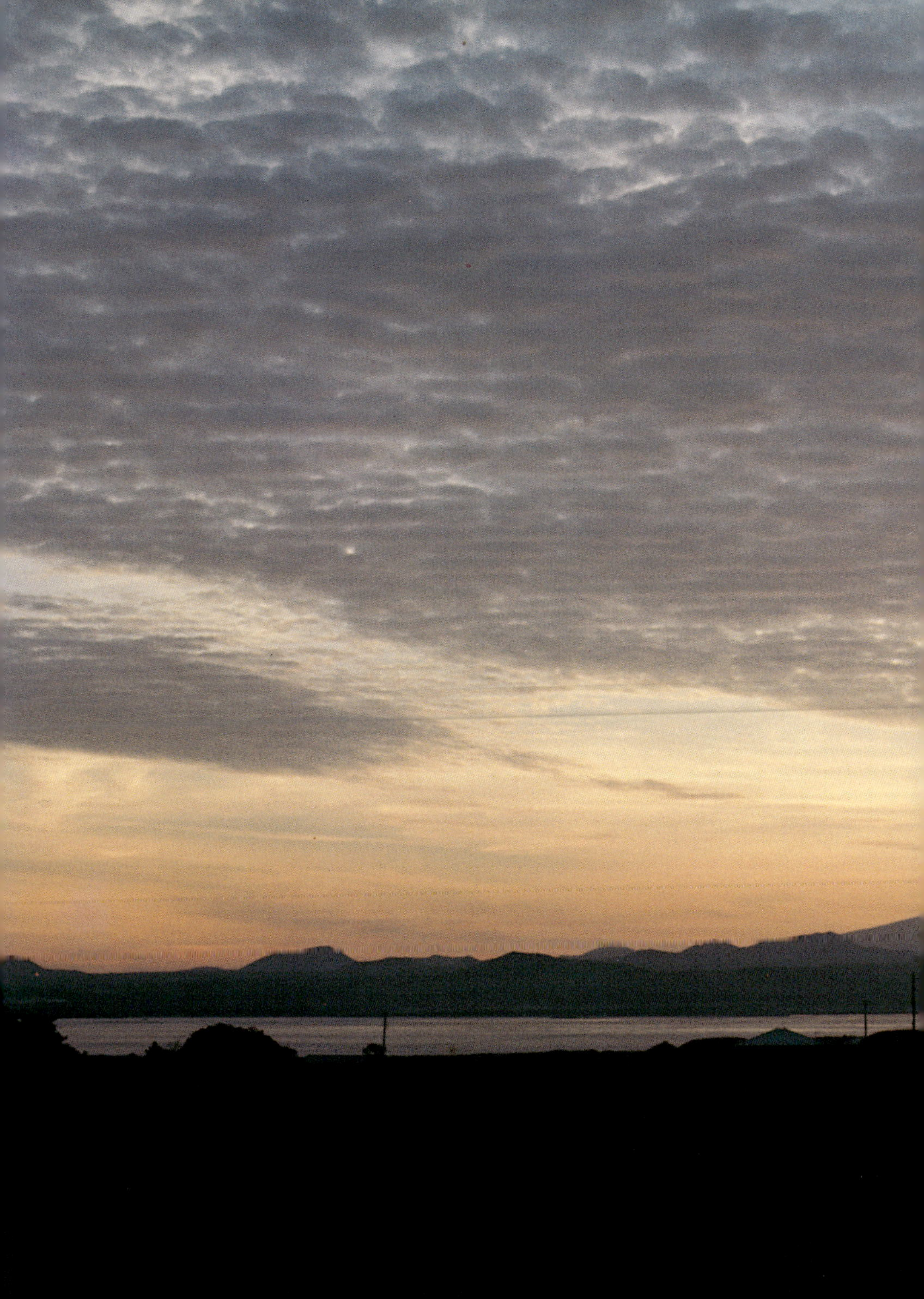

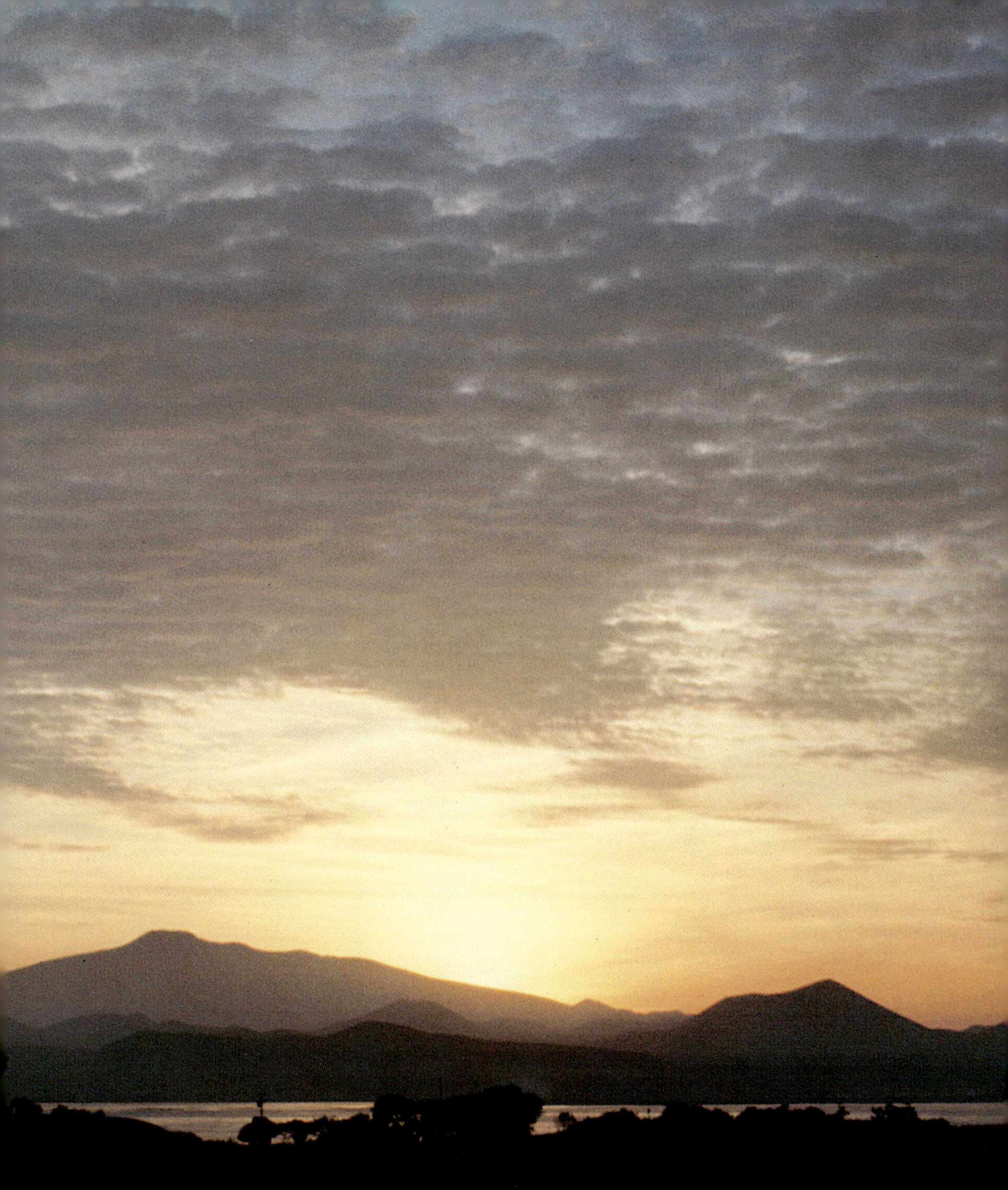

우도에서 본 한라산 전경 제주의 동쪽 끝 우도(牛島)에서 해질 무렵에 본 한라산은
무심하게 너무 떨어져 있다.

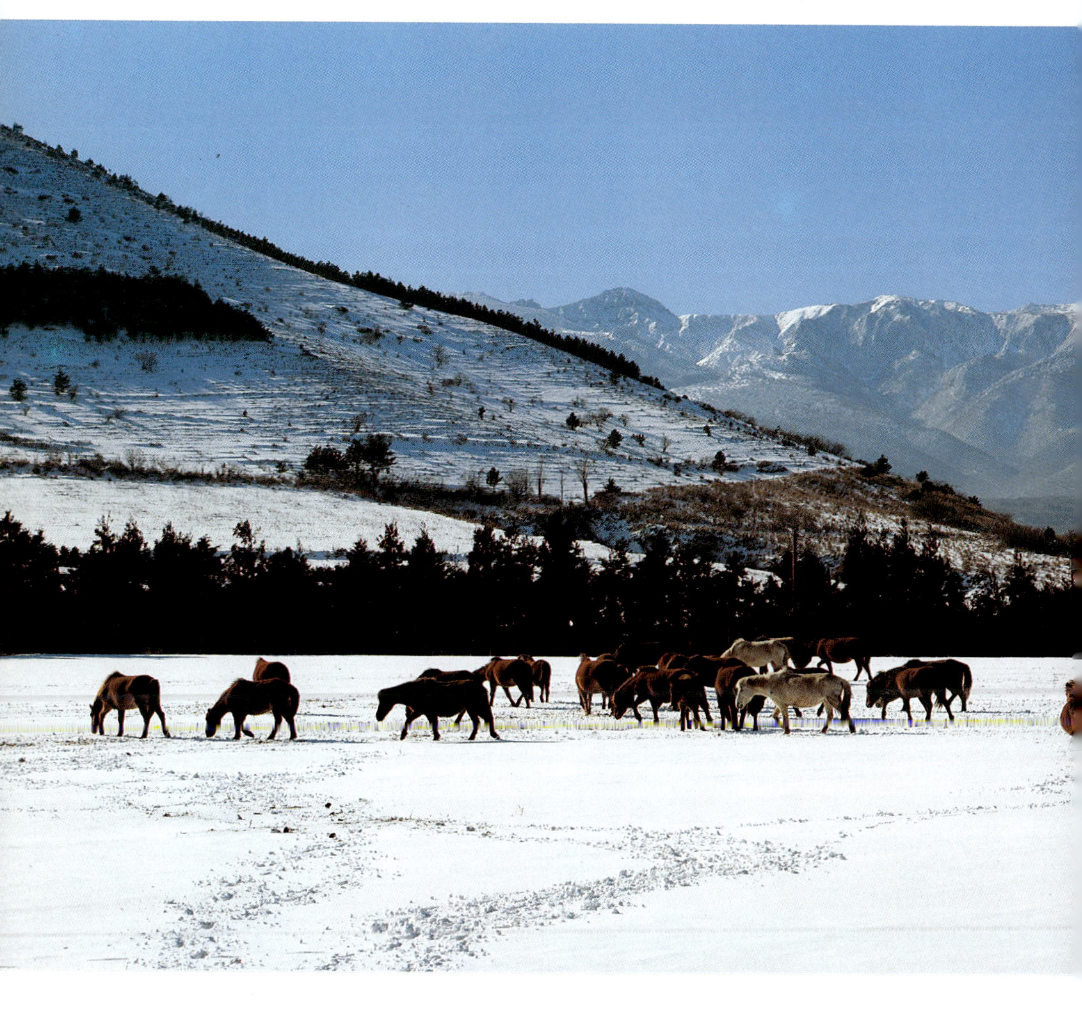

겨울 들판의 조랑말 한라산은 어디서나 제주 조랑말의 살림터이다. 눈이 덮인 한라산 기슭 초원 곳곳에 계절을 타지 않는 말들이 놀고 있다.

갖고 있지만, 그것이 사람들에게 전해지면서 그들의 생활 감정과 현실 상황에 맞게 변형되었다는 점에서 전설에 가깝다.

여기에서 우리가 주목하는 것은, '설문대할망'이라는 인물의 비범함과 그 초인성이 아니라, 그런 인물의 능력으로도 그리고 제주 사람들이 모두 힘을 모았는데도, 끝내 제주와 육지 사이 다리를 놓을 수 없었다는 데 있다. 그것은 제주 사람들의 한계이다. 더구나 그것도 많은 명주가 모자라서가 아니라, 겨우 한 필이 모자라서 섬사람들이 소망하는 그 일이 좌절되었다는 데에 전설의 의미가 있다.

한라산은 바로 이러한 사람들과 함께 존재하고 있는 공간이다. 설문대할망은 좋은 명주로 속옷 한 벌 만들어 입는 것이 꿈이었다. 그에 못지않게, 제주 사람들에게는 육지에 다리 놓는 일이 꿈이었다. 그것은 뭍을 향한 그리움이요, 현재의 상황을 벗어나려는 열망이기도 하다. 그러나 이러한 꿈은 성사되지 못했다. 그것이 바로 한라산의 또 다른 일면이다. 영산으로 아름다운 산이고, 기화요초가 피고 지고, 특이한 식물들이 살고 있고, 더구나 다른 곳에서 얻을 수 없는 품위 있는 난향이 은근히 산을 뒤덮고, 불로초가 있다는 산이 바로 한라산이다. 그러나 한라산은 그렇게 귀하고 아름다운 모습으로만 제주 사람 곁에 있어 온 것은 아니었다.

우리는 앞에서 한라산속 여러 명소(名所)를 설명하는 지명 전설들을 알고 있다. 백록담, 탐라 계곡, 영실 기암 등에는 그러한 지형의 의미를 설명하는 전설들을 남겨 놓고 있다. 물론 그 이야기는 그곳을 구경한 사람들 그리고 이 한라산과 오래도록 인연을 맺고 살아온 제주 사람들이 만들어 낸 것이다. 하나같이 산은 아름답고 신비로운데, 거기에 얽힌 이야기들은 모두 안타깝고 부정적이다. 물론 이것은 전설이라는 장르의 일반적인 속성 때문이기는 하지만, 문제는 한라산에 대한 제주 사람들의 인식이 바로 '설문대할망' 전설의 그 좌절에서 벗어나지 못하고 있기 때문이다.

아름다운 선녀가 목욕하는 것을 훔쳐보던 신선의 처지도 그렇다. 왜 목욕하는 선녀와 신선이 서로 만나 사랑하였다는 식의 아름다운 이야기를 만들어 낼 수 없었을까. 그것은 그 험한 탐라 계곡을 보는 섬사람들의 의식 때문이었다. 왜 신선이 도망치면서 만들어 놓은 것이 그 계곡이라고 생각했을까. 그렇다면 그렇게 옥황상제에게 쫓겨 달아난 신선은 어디로 가서 어떻게 살았을까. 물론 설화 향유자들은 그 문제에까지 이야기를 끌고 가지는 않았지만, 그 신선은 영원히 고향으로 돌아가지 못하고, 다시 백록담으로 올라가 놀지도 못하였을 것이다. 그렇다면 그는 인간으로 제주섬 어느 곳에 숨어서 일생을 살았을 것이다.

영실 기암에 얽힌 전설 또한 그렇다. 왜 하필이면 가난한 홀어머니 밑에서 자라는 500 아들을 설정했고, 하필이면 어머니가 죽을 쑤다가 가마솥에 빠져 죽은 것으로 이야기를 끌고 갔을까. 이 비극적인 정황으로만 기기괴괴하고 아름다운 돌들의 형상을 설명할 수밖에 없었을까. 이러한 이야기를 만들어 낸 제주 사람들의 생각 곧 설화 의식은 바로 제주 사람들의 존재론적 한계 상황이다.

이러한 한라산의 설화는 제주 사람들의 삶의 실상과 그에 따른 꿈과 욕망, 그 좌절과 삶의 상황을 설명한다. 그러기에 한라산은 제주 사람들의 삶의 현장성과 밀접하게 유착되어 있다. 곧 한라산은 단순히 자연의 한 현상으로 섬 가운데 버티어 있는 것으로 끝나지 않고, 제주 사람들의 존재성과 현재 상황성과 밀접한 관계를 갖고 있다. 섬사람들은 산을 자원으로 하여 살아왔다. 그러기에 한라산은 바로 제주 사람들의 구체적인 삶의 터전이었다. 이 점은 제주당신 본풀이를 통해 시사받을 수 있다.

한라산과 제주 역사

제주는 섬이지만 제주 사람들의 생활은 바다보다 산을 더 많이 의지해서 살아왔다. 그것은 제주 사람들은 생활 터전으로 바다보다는 오히려 목축과 농사짓는 일에 더 치중했고, 그 이전에는 한라산에서 사냥하면서 생활을 유지했음을 설화는 말해 준다. 우선 삼성신화에서 그러한 흔적을 볼 수 있다.

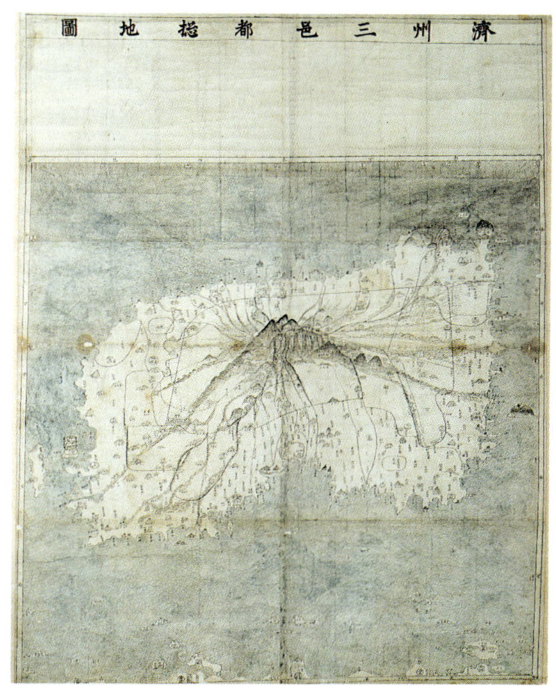

17세기 중반의 제주 지도 이형상 목사가 편(編)한 '탐라순력도'에 옛 제주 지도가 있다.

제주 신인(神人) 세 분은 들에서 사냥을 하면서 살다가, 어느 날 바다에 나타난 세 여인을 만나 서로 짝지어 살게 되었다. 이 세 여인이 오곡의 씨를 갖고 와 그 뒤로 농사를 짓기 시작했다.

이것은 제주 선인들의 기층 문화는 수렵 생활과 밀접하게 관계되어 있고, 그 뒤에 외래로부터 농경 문화를 받아들였음을 설명한다. 이 밖에도 제주 무신(巫神)들의 내력을 노래조로 엮어 놓은 본풀이에서도 이러한 내용을 찾을 수 있다.

알송당(下松堂) 마을의 소천국과 강남(江南) 천자국에서 솟아난 백주또 여인은 천생 배필이어서 서로 부부가 된다. 남편 소천국은 사냥꾼이었다. 그런데 부인 백주또가 생각하기를 자식들은 많은데 사냥만으로는 살림을 꾸려 가기 어려워서 남편에게 농사 짓기를 권했다.

하루는 백주또 부인이 밭갈소에 점심을 해 싣고서 남편을 밭으로 내보내었다. 부인의 지시대로 소천국이 밭을 가는데, 지나가는 중이 배고프니 준비해 온 점심을 좀 나눠 먹자고 했다. 소천국은 소길마 밑에 있는 점심 그릇을 가리키며 먹으라고 했다. 나중에 소천국이 점심을 먹으려고 보니, 중이 점심을 몽땅 먹어 버렸다. 소천국은 하도 배가 고파서 밭갈던 소를 잡아먹어 버렸다. 이 일로 부부는 크게 다퉈 결국 이혼하게 된다.(이하 줄임)

여기에서도 원래 제주 토박이 문화가 수렵에서부터 시작되었음을 설명해 주고 있다. 삼성신화와 다른 점이 있다면, 전자는 토박이 문화와 외래 문화의 접합 과정에서 갈등이 빚어지지 않는 반면, 후자는 서로 갈등이 심화되었다는 점이다. 이는 아마 그 설화를 향유했던 계층의 설화 의식의 차이라고 생각한다.

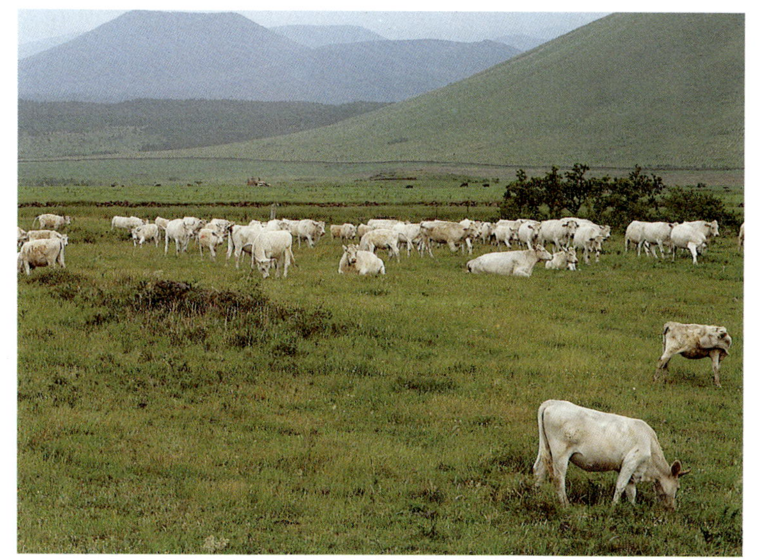

제주 목장 조천읍 교래리의 광활한 초원은 예부터 우마를 방목하던 목장이었으며, 지금은 현대식 목장이 들어섰다.

　또한 개화 이전까지만 해도 제주도의 주산업은 농업이었고, 그 가운데 축산이 중요한 부분을 차지했다. 또한 문화의 중심지도 중산간 부락이었다. 제주목을 제외하고는 군청이나 면소재지가 중산간 부락에 있었다. 개화 이후 일제 통치가 시작되면서 해안 일주 도로가 개설되었고, 면소(面所)가 해안 부락으로 옮기는 등 문화 중심지가 해안 부락으로 이동했다.

　이러한 점에서 보면, 제주는 섬이면서 섬이 아니었다. 곧 한라산이 제주도에서 중요한 의미를 지니고 있다고 볼 수 있다. 도민 생활의 중요한 자리를 차지하고 있는 수렵이나 목축은 한라산을 터전으로 해서 이루어졌다. 논이나 밭이 비옥하지 못했기에, 한라산은 섬사람들의 생활에 중요한 자원을 제공했고 또한 살림터의 구실을 톡톡히 했다. 그러다가 외래 문화가 들어오면서 제주는 변하기 시작했다. 따라서 한라산이 제주 사람들에게 끼치는 의미도 달라지게 되었다.

　역사의 흐름에 따라 또는 문화의 변모에 따라 사람들의 삶의 변화가 뒤따를 수밖에 없다. 한라산을 의지해서 살았던 사람들이 산을 덜 의지해서 살아가게 되었다는 것이 중요한 문제가 아니다. 섬사람들과 한라산의 관계를 소원(疏遠)하게 만드는 계기가 제주도 사람들에 의해서 주체적으로 이루어지지 않고 외부의 충격에 의했다는 점이 문제이다. 근대 이후 섬사람들이 바다 쪽으로 관심을 두게 된 것은 일본 침략의 결과였다. 그렇다고 바다에 삶의 터전을 의지했다고 생활이 나아진 것도 아니었다. 여전히 산업은 어업보다는 반농 반축산이 주였다. 이것은 한라산의 역사에 상징적인 의미를 던져 준다.

　그것이 구체적으로 나타난 것이 2차대전 말기 1943년부터 제주에 일본군이 진주한 것이었다. 기록에 의하면, 약 8만부터 10만에 이르는 대병력이 한라산을 중심으로 도내 곳곳에 진주해서, 마지막 결전을 대비해서 섬 전체를 요새화했다. 그렇게 되자 한라산은 산이 아니라 전략적 차원의 공간으로 변모한다. 아마 일본 항복이 단 몇 개월만 늦어졌더라면, 한라산에 또 한 번 화산이 폭발했을 것이다. 죽은 화산에 위로부터 불길이 떨어져 산은 황폐해졌을 것이다. 아니 제주섬이 아마 바다속으로 침몰했을 것이다. 일제 침략 당시 군사 요새지 흔적이 산 이곳저곳에 남아 있다. 그러나 그것은 단지 눈에 보이는 흔적으로 끝난 것은 아니다.

　해방 뒤 섬에는 다시 화산 같은 불길이 치솟아 한라산으로 번졌으니 이것 역시 제주 사람들에 의한 것이 아니라, 어떤 외부 힘에 의한 것이었다. 1948년 4월 3일, 제주에서 큰 사건이 일어났다. 이른바 '제주 4·3사태'이다. 혼미한 해방 정국에서 중앙 정부와 멀리 떨어진 제주에서 민감하게 좌우 이데올로기 반목으로 빚어진 난리가 터졌다. 이 사태에 대한 역사 정치적 의미에 대해서는 앞으로 논의가 되겠지만, 한라산은 이 사태로 인해서 제주 사람들의 삶과 그 역사와 중요한 관련을 맺게 된다.

1948년 4월 3일 미명을 기해서, 표면적으로 남한 단독 정부 수립 반대를 내세우고 활동하던 좌익 세력들이 각 경찰관서를 습격하고 경찰관이나 이른바 우익 인사들의 테러를 감행한다. 그 전부터 산발적으로 일어났던 좌익들의 집단적 행동이 좀더 조직화되더니 결국 무장대를 조직하고 한라산으로 입산하면서 사태는 복잡해진다.

이때부터 약 5년 넘게 한라산은 완전히 제주 사람들로부터 떨어져 나간 절해의 산이 되어 버렸다. 입산이 통제되고, 산에서는 총부리를 맞댄 혈투가 벌어졌다. 서로 눈을 밝히고 적을 찾아 우거진 숲과 깊은 계곡을 휘젓고, 휘몰아치는 눈발을 헤치면서 제주 젊은이들이 돌아다녀야 했다. 쫓고 쫓기기도 하였다. 어떤 때는 쫓는 사람이 쫓기는 처지가 되기도 했다. 아무것도 모르는 사람들도 잠시 닥칠 위험을 피해서 산으로 올라갔다가 영영 다시 마을로 돌아오지 못한 경우도 많다. 어느 숲속 언덕 아래, 이름모를 궤 안에 하얗게 바래진 뼈로 한밤중 촉루를 반짝이면서 침묵하는 산과 더불어 한을 삭이는 혼들도 수없이 많다.

이 시기에는 한라산은 원한의 산이었다. 그렇게 입산한 사람들 가운데에도 힘이 있고, 꾀가 있는 사람들은 바다 밖으로 빠져 나가 영웅 대접도 받았다. 그러나 산에 남아 죽기를 각오한 사람들은 이름모를 새들의 호곡 소리를 들으면서 죽어갔다. 설사 죽지 않고 살아서 산을 벗어난 사람들에게도, 한라산의 그 기억은 다시 생각하고 싶지 않을 정도로 우울하다. 그들은 한숨으로 그런 심사를 대신한다.

이러한 수난은 한라산이 정치 이데올로기와 만나면서부터였다. 일제 강점기 한라산이 그랬고, 4·3사태의 산이 그러했다. 그런데 그것을 다시 따져 생각하면 그것은 섬과 섬 밖의 세력과의 싸움이었다. 일본의 군국주의라는 광신적 이데올로기 파편이 이 제주섬 한라

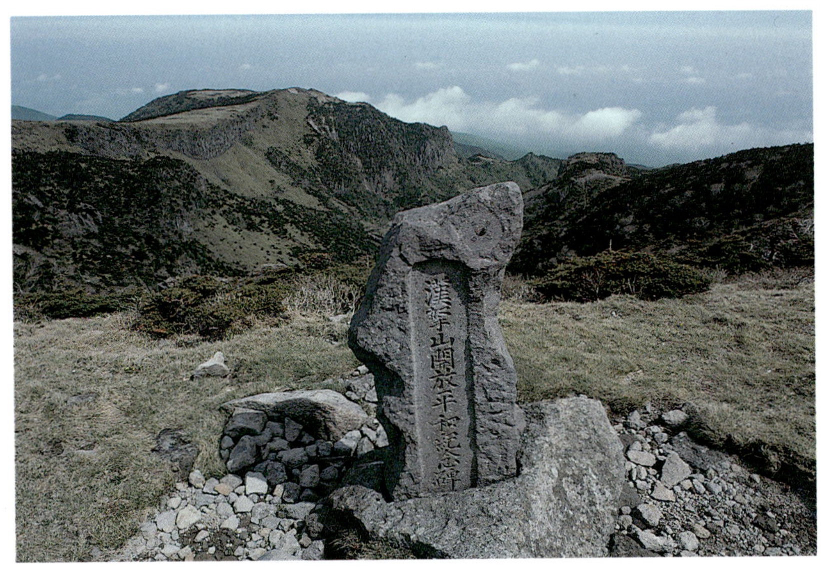

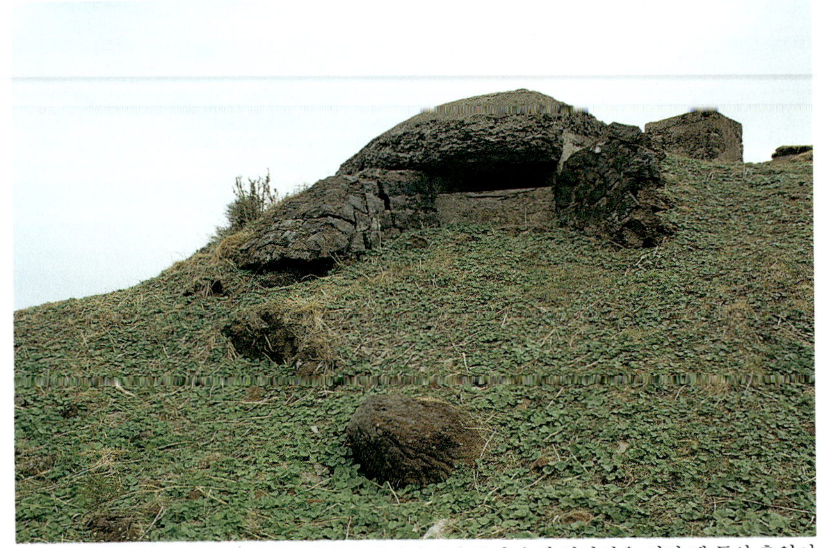

한라산 개방 평화 기념비 뼈아픈 역사의 소용돌이 속에 한라산은 여러 해 동안 출입이 금지되었었다.(맨 위)

어승생오름 정상의 일본군 진지 일본 군국주의의 흔적으로 진지 유적이 아직도 남아 있다.(위)

산까지 미쳤던 것이다. 해방 정국 그 사태는, 어쩌면 한라산의 자아 회복 운동이었을지도 모른다. 물론 그 사태 속에 끼어든 또 다른 이데올로기가 폭력으로 제주 사람들을 억압했던 것도 사실이지만, 사람들은 막연하게 '한라산 회복 운동' 같은 것을 생각했을지도 모른 다. 그런데 단독 정부를 반대하는 그 세력들이 한라산을 무대로 투쟁을 벌이겠다는 발상의 저변에 자리잡고 있었던 그 무의식적 열망 같은 것, 그것의 정체는 무엇이었을까. 그것은 아직은 극명하게 밝혀지지 않았다. 그러나 한라산만은 알고 있을 것이다.

한라산과 사람들의 욕망

산에 대한 사람들 관심의 변화

이제 한라산은 그러한 근심과 어두운 역사에서 벗어나게 되었 다. 그 산기슭에서 배고프면서 매운 바람에 떨며 살았던 사람들은 이제 어깨를 좀 펴고 살게 되었다. 한라산에 먹이를 얻기 위해 오르 내리던 사람들은, 이제 울긋불긋한 옷차림으로 산을 즐기기 위해 오르내리게 되었다. 마소들 겨울 먹이를 위하여 긴 낮을 들고 한라 산 들녘을 온종일 누비고 다니던 사람들은, 골프채에 세단(sedan) 을 타고 농약 냄새나는 잔디밭에서 웃음을 흘리면서 취한 걸음으로 노닐게 되었다. 곡식을 실어 나르고, 조팥을 밟기 위해 기르던 조랑 말들이, 이제는 조랑말 경주장에서 사람들 욕심을 자극하기 위해 기수의 채찍을 달게 받으면서 달리고 있다.

이렇게 한라산 기슭에 살고 있는 사람들 형편도 크게 달라졌다. 사람뿐만이 아니라 한라산도 변했다. 제주 사람들을 품에 안고 삭막 한 벌판 한복판에서 북풍 눈보라에 얼굴이 부르트도록 견디면서, 오월 장림(長霖)에 석 달 열흘 파란 하늘 구경도 못하면서 그 긴

인고의 세월을 견뎌 왔는데, 이제는 제주 사람들이 이 산을 가지고 돈을 벌겠다고 야단이다. 제주 사람들만이 아니다. 한라산을 구경하고 간 사람들이면, 이 산을 이용해서 돈을 벌 생각을 한번쯤은 한다. 그러자 이제 한라산은 제주의 주인도 아니요 상징물도 아니다. 오직 관광 자원이라는 한낱 재화 획득 수단에 지나지 않게 되었다.

산을 즐겨 오르기 시작한 것도 아마 생활 형편이 좀 나아지면서부터였다. 한라산이 영산이라고 하지만, 1950년대만 해도 산에 오르는 일이 그리 쉬운 일이 아니었다. 그동안 어려운 일로 산이 폐쇄되었다가 1950년대 중반쯤에 개방되었다. 50년대 말경 한라산 등반은 겨우 학생들 중심으로 이루어지기 시작했다. 예부터 관리들이나 선비들이 풍류삼아 산을 올랐지만, 산이 사람들 발길에 몸살을 앓기 시작한 것은 70년대 중반 이후였다. 그 이전만 해도 산을 사랑하기 위해서 산을 올랐고, 그들이 그룹을 만들어 산을 사람들에게 소개했다. 그러나 이제는 진정 산을 사랑하는 사람이라면 아예 산을 외면하고 오르지 말아야 할 정황에 있다.

이제 한라산을 오르내리는 등반객 수는 연간 40만 명을 웃돈다고 한다. 등산객들에게 받는 입장료 수입도 무시 못한다. 산을 어떻게 돈벌이에 이용할 수 있을까 사람들은 연구하게 되었다. 이렇게 되자 사람들은 산을 우습게 생각하게 되었다. 구두 신고 넥타이 매고 오르는 것은 보통 일이 되어 버렸다. 여자들이 굽높은 구두를 신고 술 한 잔 얼큰하게 마시고서 오르기도 한다.

한라산은 아주 변해 버렸다. 한라산 생태계가 사람에 의해서 파괴되고 있다. 한 연구 보고서('한라산 천연보호구역학술조사보고서' 1985)에 의하면, 지금 한라산을 보호할 획기적인 대책을 강구하지 않으면 한라산은 정말 죽은 산이 된다고 한다.

한라산의 생태계가 파괴되는 원인은 인위적인 것, 자연적인 것, 자연적인 것과 인위적인 것의 복합적인 것으로 생각할 수 있다.

그 가운데에도 인위적인 원인은 사람들의 관심과 노력으로 극복될 수 있으며 또한 자연적인 원인까지도 사람들 노력으로 최소화할 수 있다고 한다.

인위적인 훼손의 직접적인 것은 첫째, 오물을 버리는 일이다. 연간 행사로 한라산 쓰레기 수거 운동을 벌이고, 등산객들에게 쓰레기 수거를 위한 봉지 나누어 주기, 자기가 쓴 쓰레기 갖고 오기 등 시민 의식에 호소하고 있으나, 그러한 일로 문제가 해결되는 것은 아니다. 그러나 인위적인 훼손의 직접적인 것은 인간의 욕망이다. 산을 매개체로 해서 인간들은 욕망을 충족하려 한다. 그것이 개발이라는 이름으로 나타난다. 인간들이 좀더 편하게 생활하기 위해서 개발은 필요한 것이다. 그러나 그것에 뒤따르는 많은 문제는 소홀히 취급하기 쉽다.

두번째, 등산로 주변 지대 훼손이다. 주말이면 한라산 어승생이나 영실 등산로는 사람으로 뒤덮인다. 산은 사람들 발길과 토해 내는 입김에 살아날 길이 없다. 우선 등산로 주변부터 훼손될 수밖에 없다. 또한 지정된 등산로말고 지름길을 만들어서 이용하거나 정해진 길이라도 사람들 발길이 너무 심해서 파괴되는 경우도 많다. 이 보고서는 그 훼손 실태를 좀더 상세히 조사하여 보고하고 있다.

그런데 이미 우리는 겉으로 훼손되지 않은 듯이 생각되면서도 실제로는 훼손 정도가 아니라, 한라산 자체가 많이 변했음을 알게 된다. 우선 지금의 한라산은 1950년대의 한라산이 아니다. 그것은 한라산 남북을 통과하는 제1, 제2횡단도로가 개설되면서이다. 길은 이용해 보면 아주 편리하다. 그래서 자꾸 길이 더 개설된다. 영실 입구까지 도로가 개설되었다. 다시 한라산 중턱 초원 지대를 가르는 동서부 산업도로가 개설되었다. 이 도로는 제주 사람들의 살림살이에 소요되는 시간을 많이 절약하게 되었다. 그러나 한라산 허리에 펼쳐진 초원은 제모습을 잃게 되었다.

횡단도로를 개설하면서 그 뒷마무리를 소홀히 한 때문에 한라산의 모습이 비틀어지게 된 경우도 있다. 일부 제1횡단도로 주변에 한라산 생태계와는 관계없는 나무들을 식재해서 한라산 모습을 망가뜨려 버렸다. 그러한 현상은 곳곳에 나타난다. 교래리 초원 주변도 그렇다. 서귀포 선돌 앞 평원도 그렇다. 사람들은 자연의 원리를 너무 쉽게 이해하고 처리해 버린다. 그것은 무지이거나 성급함 때문인데, 결국은 욕심이 문제이다. 산을 통해 우리는 욕심을 키울 것이 아니라 그 욕심을 정화할 때가 되었다.

한라산 등반과 산의 훼손

한라산은 이제 사람들 발길에서 벗어날 수 없게 되었다. 제주를 찾는 사람은 한라산을 찾게 되었다. 그것은 아주 정해진 관광 코스이다. 산을 즐기거나 그렇지 않거나 문제가 안 된다. 한라산을 한번 올랐다는 것이 중요할 뿐이다.

한라산을 등반하는 중요한 길로 지금 개설된 곳은 네 곳이다. 그러나 그 길 주변부터 산은 많이 훼손되기 시작했다. 그것은 어제 오늘 일이 아니다.

어승생 코스

한라산을 오르는 사람들이 제일 많이 이용하는 등산로이다. 차른 이용해서 제주시에서부터 중문을 거쳐 서귀포에 이르는 제2횡단로를 타고, 노형동을 지나 어승생 수원지 건너 어승생오름을 서편으로 끼고 달리다가, 어리목 입구에서 좌회전해서 한 200미터쯤 들어가면 국립공원 관리사무소와 산장이 나온다. 여기에서 공원 관리사무소의 안내를 받아 산을 오르기 시작한다. 정상까지 거리는 대략

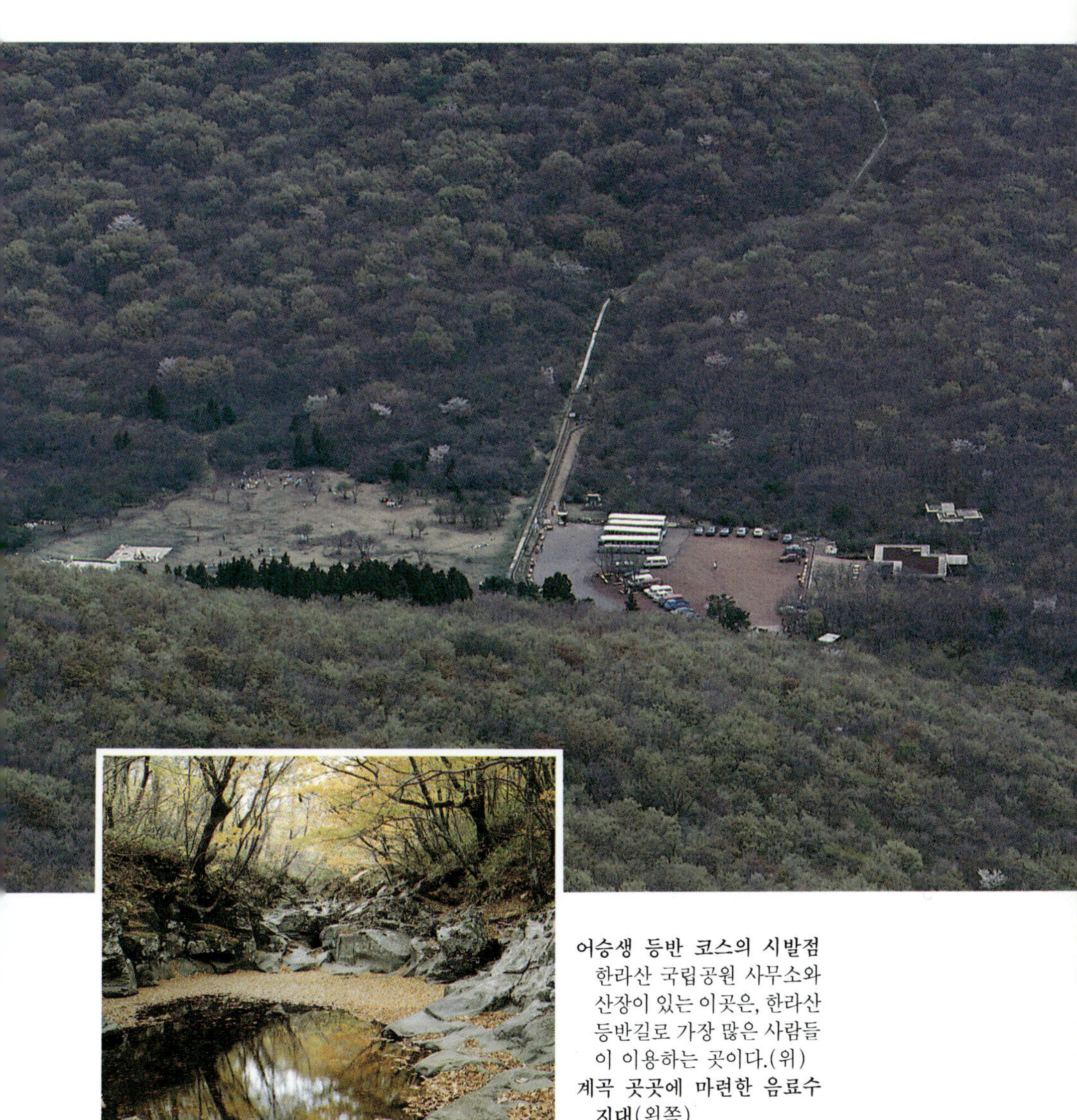

어승생 등반 코스의 시발점
한라산 국립공원 사무소와
산장이 있는 이곳은, 한라산
등반길로 가장 많은 사람들
이 이용하는 곳이다.(위)
계곡 곳곳에 마련한 음료수
지대(왼쪽)

6.1킬로미터로 추정하는데, 소요 시간은 약 3시간 40여 분 남짓 걸린다. 그러나 개인의 체력이나 그날 기후 상태에 따라 소요되는 시간은 차이가 난다.

어승생 국립공원 입구를 통해서 숲속으로 들어가 계곡을 따라 오른다. 지금은 어승생 댐을 위하여 어리목 계곡 위쪽을 막아 아래 계곡에는 물이 흐르지 않으나, 수로를 따라 가노라면 흐르는 물을 만난다. 또한 겨울의 설경과 가을 단풍 구경도 가능하다. 이곳에서는 식수가 풍부하므로 한라산 계곡 경관을 구경하며 오를 수 있다. 등산 입구에서 약 2.5킬로미터쯤 가면 사제비 동산에 이른다. 이곳 에서도 겨울눈과 단풍을 구경할 수 있다. 사제비 동산에서 1킬로미 터쯤 오르면 만세 동산에 이르는데, 여기서부터 산진달래밭과 시로 미밭이 펼쳐진다. 1.2킬로미터쯤 더 오르면 윗세오름에 이르는데 이곳에서 영실 코스와 만난다. 이 부근에는 구상나무 숲과 시로미밭 이 펼쳐져 있다. 식수를 구할 수 있으며 또 대피소와 매점이 설치되 어 있다.

여기에서 약 1킬로미터쯤 가면 장구목에 이르는데, 고채목과 시로 미, 구상나무 숲 그리고 기암 절벽의 경관을 만난다. 윗세오름에서 서북벽을 타고 정상으로 가는 구간은, 서북벽이 태풍 때 산사태로 중간 부분 암벽이 무너져 내려 그 구간이 폐쇄되었다. 이 어승생 코스는 등반객들이 제일 많이 이용하는 길이기 때문에 그만큼 사람 으로 인한 산의 피해도 많다. 조사 보고서에 의하면 이대로 방치해 두었다가는 산은 회복할 수 없는 지경에 이른다고 한다.

우선 해발 900 내지 950미터 어리목 대피소 부근은 사람들이 들끓어서 불결하다. 그리고 여기서 해발 1,000미터 즈음에서 등산로 가 두 갈래로 나눠져서 얼마쯤 지나다가 합쳐진다. 그곳에는 많은 나무들이 뿌리가 노출되어 있고, 사제비 동산으로 진입하는 부근에 등산로가 아닌 샛길들이 많이 만들어져 있어, 돌이 돌출되고 도랑이

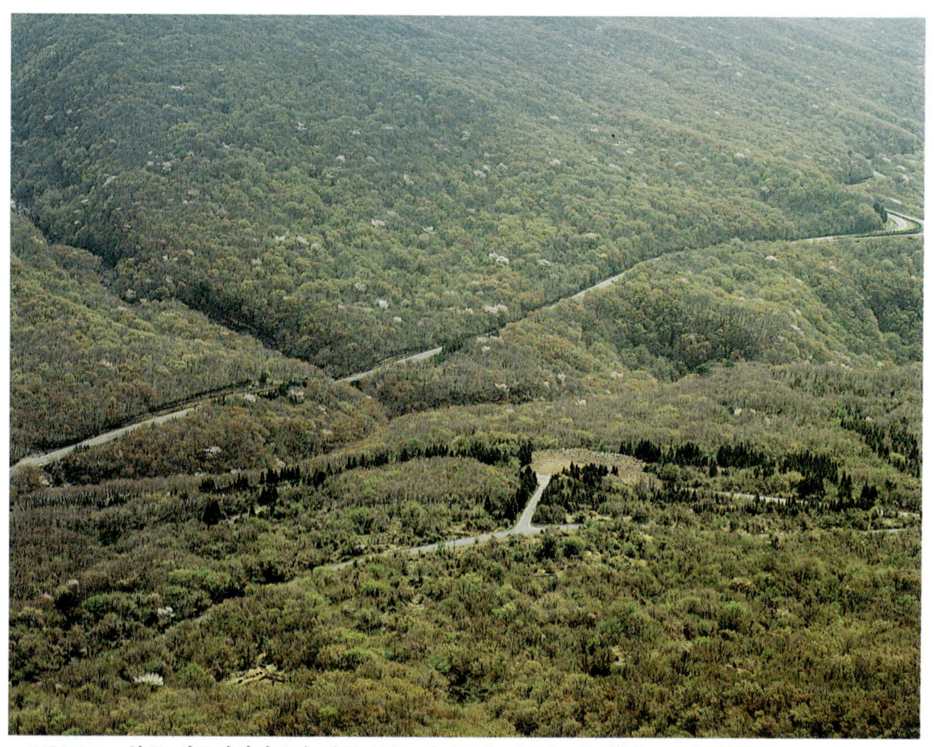

1100도로 북쪽 제주시에서부터 남쪽 중문 서귀포에 이르는 제2횡단도로가 한라산
중허리 1,100고지를 관통하고 있다.

만들어지면서 주변 식생(植生)이 파괴되어 있다. 해발 1,430미터에
서 1,560미터에 이르는 지대에는 지정된 등산로말고 많은 곁길이
여러 갈래로 만들어져, 그 폭과 깊이가 점점 패이거나 확대되면서
자연히 그 주변 식생이 파괴되고 있다. 더구나 빗물로 지반이 더
넓게 무너지고 흙과 돌들이 쓸어가 버려 훼손 정도가 심해지고 있
는 실정이다.

해발 1,600미터 지점에서부터 등산객에 의한 구상나무 고사 현상이 나타난다. 또한 여기서부터 산사태가 일어났던 흔적을 찾아볼 수 있는데, 앞으로 비바람에 땅 표면이 유실되는 사태가 일어날 가능성이 많다. 1,700미터 윗세오름 부근은 등반객들이 야영을 하거나 쉬어가는 곳이어서, 이 주변 넓은 지역이 많이 훼손되고 있다. 윗세오름을 지나 장구목에 이르는 지역은, 땅 위에 흙 쌓인 정도가 얇은 데다가 경사가 심해서 등산로 가운데에 가장 많이 파괴되고 훼손된 지역이다.

해발 1,830미터 지점에서부터 그러한 정도가 심해서 산사태 위험도 도사려 있다. 그로 인해서 이 부근에서 자생하는 여러 식생이 훼손되어 있다. 1,850미터 지점에는 등산객들이 휴식하는 곳이어서 주변이 완전히 광장처럼 되었다. 백록담 정상으로 오르는 길은 더욱 파괴 정도가 심하다. 길은 좁은데 한꺼번에 많은 인원이 오르내려야 하기에, 폭 10여 미터의 길이 된 곳은 완전히 파괴되었다. 더구나 분화구는 심하다. 그래서 백록담 안에는 출입을 금했으나, 정상 가장자리는 이미 사람들의 발길에 산의 모습을 찾기 힘들 정도이다.

성판악 코스

제주시에서 서귀포에 이르는 제1횡단로를 타고 가다가 중간 지점인 성판악 휴게소에 이른다. 여기에서 공원 관리사무소의 안내를 받아 정상 진입 산행을 시작한다. 성판악에서 정상까지 거리는 대략 9.6킬로미터, 소요 시간은 4시간 30분 정도 걸린다. 그러나 역시 개인과 그날의 기후 상태에 따라 차이가 난다.

성판악 입구에서 산으로 들어가면 곧 밀림 지대가 펼쳐진다. 3.4킬로미터쯤 오르는 동안 꽝꽝나무 군락지를 지나면 속밭이 나온다. 여기에서 관목 지대가 펼쳐지는데 2.6킬로미터쯤 더 오르면 사라 대피소에 이른다. 이 옆에 있는 사라오름은 백록담과 같이 분화구에 못이 있는 것이 특징이다. 여기서부터 2킬로미터쯤 오르면 진달래밭 대피소에 이르는데, 이 부근에서 산진달래와 구상나무 숲을 구경할 수 있다. 여기에서 1킬로미터쯤 오르는 동안에 시로미밭과 노가리 군락지를 만나게 된다. 정상까지 600여 미터를 남겨 두게 된다. 이 코스는 거리가 멀고 단조로우며, 별로 눈을 즐겁게 하는 것은 없다. 그러나 오름들을 많이 대할 수 있고 특히 하산할 때는 오름들을 눈 아래 두고 걷는 별스런 맛을 얻을 수 있다. 더구나 이 부근에서 방목되어 놀고 있는 우마를 볼 수 있다. 이 등산로는 다른 코스에 비해 멀고 단조롭기 때문에 이용하는 등반객이 날로 줄어들고 있다. 그 때문에 다른 등산로에 비해 산의 훼손이 덜 되어 있다.

관음사 코스

한라산 등반 초기라 할 수 있는 1950년대까지만 해도 주로 사람들은 이 코스를 애용했다. 한라산 수림 입구에 있는 관음사까지 도보로 걸어와서 하룻밤을 자고, 뒷날 일찍 출발했다. 관음사 코스의 맛은 산천단에서부터 관음사에 이른 벌판에서 맛볼 수 있다. 여름의 늘푸른 초원과 거기 펼쳐진 여러 오름들, 가을의 억새꽃, 눈 쌓인 겨울의 광활한 설원 이런 풍광을 여기에서 맛볼 수 있다.

차를 타고 제1횡단로를 이용해 달리다가, 제주대학교를 지나면 산천단이 나온다. 산천단을 벗어나 조금 오르면 빗겨 오른쪽으로 들어가는 관음사 입구가 나온다. 이 입구에서 삼의양오름을 왼편에 끼고 한 40여 분 걸으면 관음사에 도착한다. 제주에서는 오래된 절이다. 여기에서 서쪽으로 한 20여 분 걸으면 공원 관리사무소가 나오는데, 여기에서부터 정상까지 약 9.3킬로미터, 소요 시간은 약 5시간 30분쯤 걸린다.

관리사무소에서 출발하면 곧 잡목 지대로 들어간다. 이따금 계곡에 붉게 핀 영산홍을 심심찮게 만나면서 1.6킬로미터쯤 가면 구린

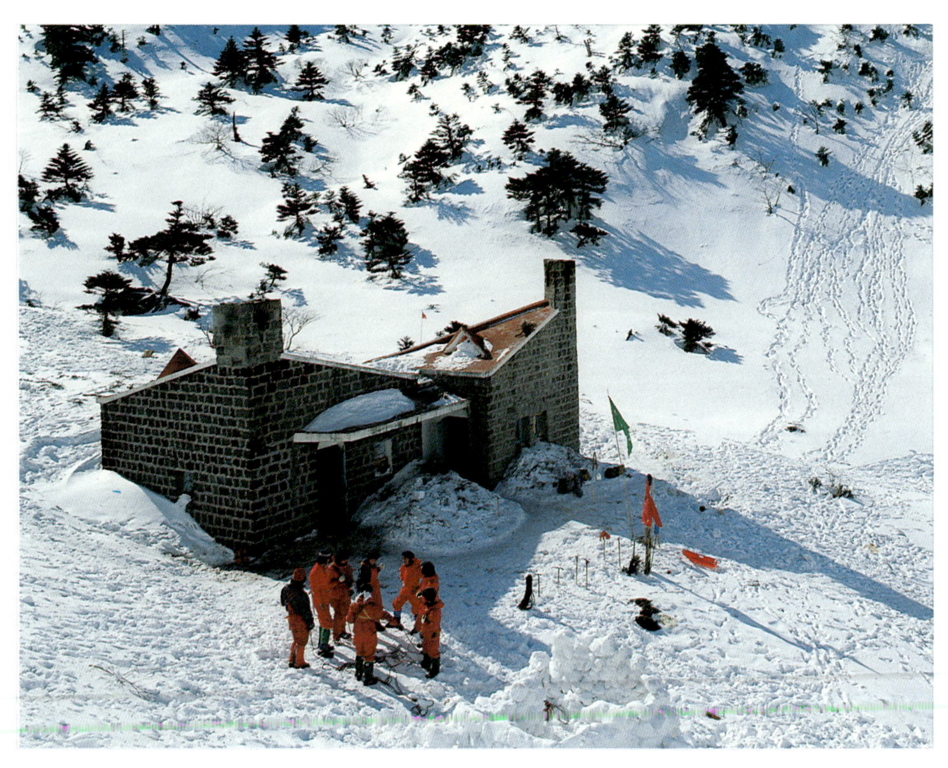

용진각 대피소 영실 코스와 어리목 코스가 만나는 곳에 있는 용진각 대피소는 겨울 등반객들이 많이 이용한다. 여기에서 내려다보는 겨울 설원은 경이로울 정도로 장관이다.

굴에 이른다. 여기에서 2.6킬로미터쯤 오르면 탐라 계곡에 이르고 가을이면 단풍, 겨울이면 설경을 구경할 수 있다. 더구나 깊고 험한 계곡 주위에 들어찬 잡목들, 집채만한 바위에서 한라산 특유의 풍광을 느낄 수 있다. 탐라 계곡을 옆에 끼고 오르노라면, 6월 한여름에 담황백색을 띤 꽃이 피는 나도밤나무를 볼 수 있다. 2.3킬로미터쯤 오르면 개미등에 이르고, 이 좁은 능선을 타고 1킬로미터 남짓 오르면서 양편으로 깊고 험한 탐라 계곡 장관을 구경할 수 있다. 개미등 같은 능선이 끝나면 개미목에 도착한 것이다.

개미목을 거쳐 500미터 거리에 있는 삼각봉의 기암 괴석과 구상나무 숲 그리고 가을 단풍은 장관이다. 험한 길을 200미터쯤 오르면 용진각 대피소가 있다. 이 주변에서 아름다운 바위와 단풍 그리고 눈앞을 가로막듯이 버티어 있는 왕관릉의 기기괴괴한 돌무더기 산을 만난다. 여기에서부터 1킬로미터쯤 오르면 정상인데, 깊은 구상나무 숲 아래를 허리 굽혀 뚫고 지나가야 한다.

이 코스도 거리가 멀고 등산 시간이 많이 소요되는 탓에 등반객이 많지 않아서, 자연 훼손 현상도 그렇게 심하지 않다. 그러나 좁은 등산로가 형성되어 있는 개미목 부근 능선에는 지면 흙이 유실되어 있고, 삼각봉 아래 지역에는 이 주변에 식생하는 식물들이 훼손되어 있다. 더 정상으로 올라갈수록 그 정도는 심하다. 해발 1,700미터쯤 왕관릉 아래에는 지면 흙이 무너지고 유실되어 부근의 식물 식생이 파괴되어 있다.

영실 코스

영실 코스는 거리가 제일 가깝고 등산 소요 시간도 2, 3시간이면 충분하다. 그것은 차를 이용해서 영실까지 와서 산을 오르기 때문에 실제로 산행의 절반을 차를 이용하는 셈이다.

제주시에서 중문 경유 서귀포에 이르는 제2횡단로를 달리다가,

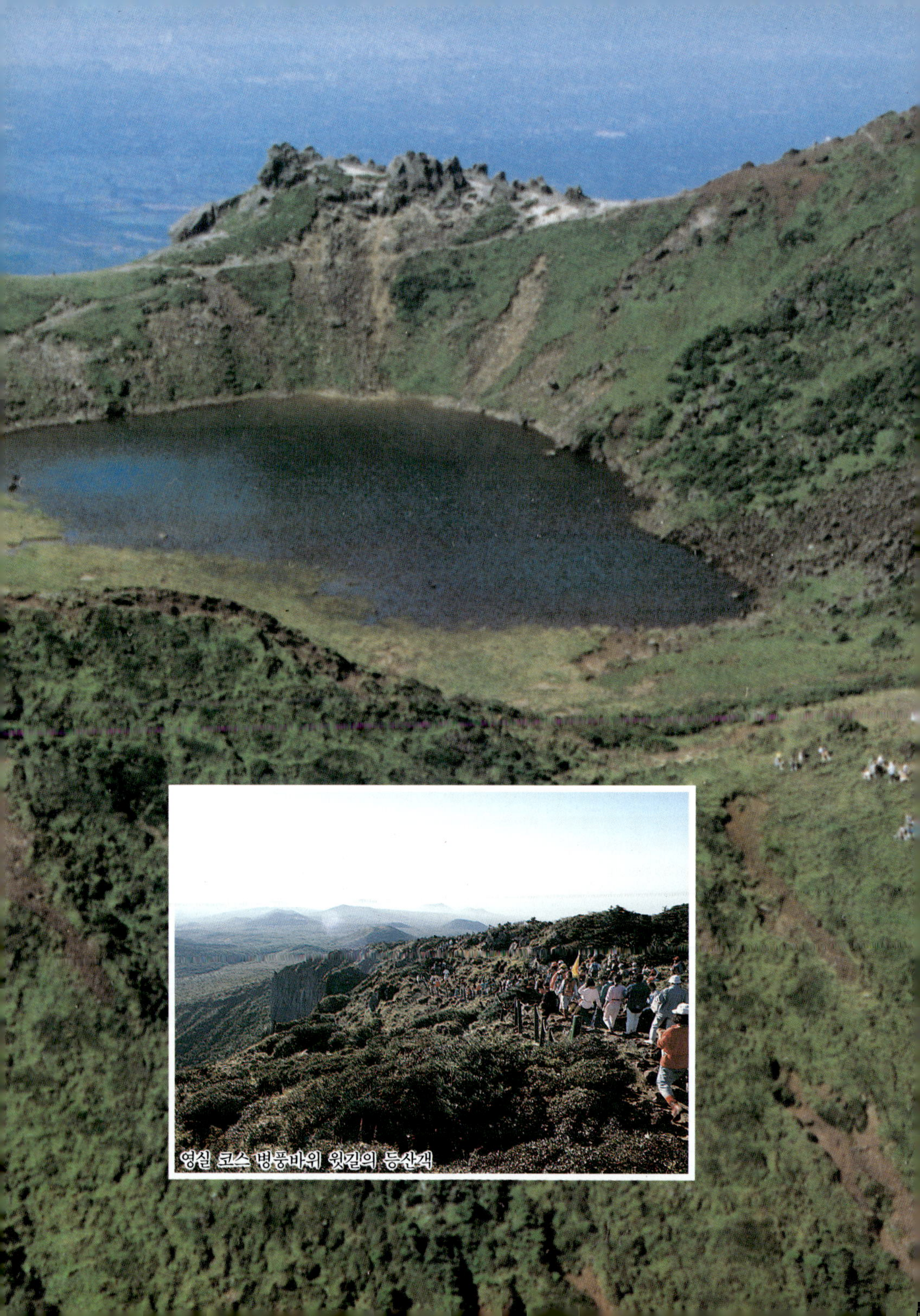

영실 코스 병풍바위 윗길의 등산객

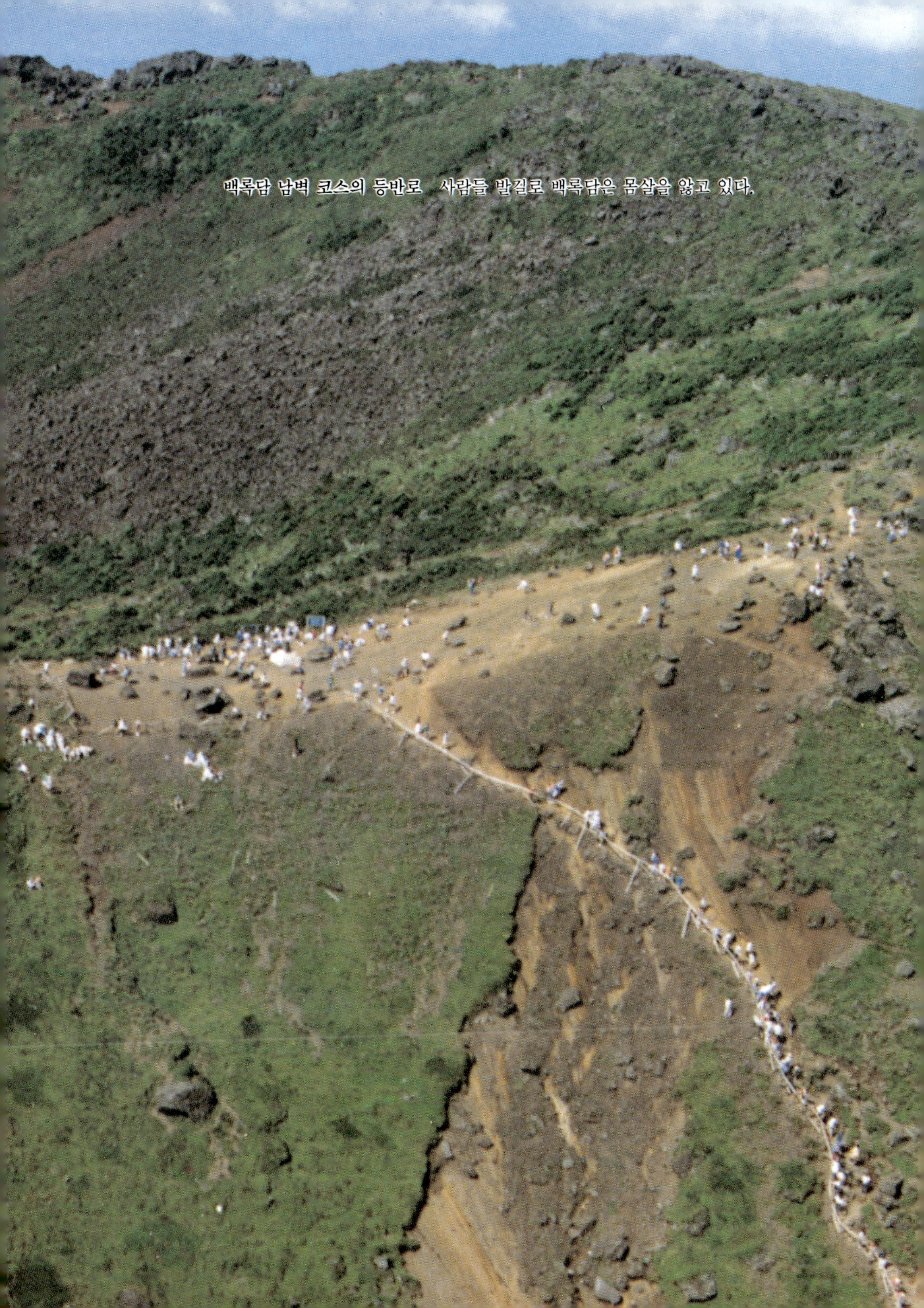

백록담 남벽 코스의 등반로 사람들 발길로 백록담은 몸살을 앓고 있다.

1,100고지 고상돈 기념비가 있는 탐라 휴게소를 지나, 영실 입구에서 6.7킬로미터쯤 들어가면 영실 휴게소가 나온다.

영실에서 고도가 심한 등산로를 따라 3.7킬로미터쯤 오르면 어승생 코스와 만나는 윗세오름에 이른다. 이 코스의 맛은 시간이 단축되고 영실 부근의 다양한 절경을 맛볼 수 있다는 데 있다. 특히 넓게 널려져 있는 불가사의한 석전(石田)인 선작지왓(밭)을 걷는 맛이 유다르다.

이 코스의 문제점은 이미 영실 주변의 자연이 관광객들의 편의를 위해 개발되고 있다는 점이다. 그래서 제2횡단로 영실 입구에서 영실에 이르는 도로가 포장되어 있는 것도 한라산 보호의 측면에서는 문제가 된다. 이렇게 산을 사람 편의 위주로 생각한다면, 다른 면에서도 많은 일들이 벌어질 것이다.

한라산 등반객은 날로 증가하고 있다. 여러 가지로 산을 보호할 수 있는 방법이 논의되고 있으나 사람들이 산에 오르기를 포기하지 않는 한 별수가 없다. 어느 등산로를 보더라도 등반객들이 많이 이용하지 않은 코스에는 그 훼손도가 줄어들었다는 사실이 이를 증명한다. 더구나 정상에 가까울수록 그 훼손도는 심하고, 결국 어떤 방법으로도 회복할 수 없게 된다. 그리고 정상 부근이 훼손된다면, 결국에는 한라산 전체를 훼손하게 된다. 그래서 오히려 케이블카 설치 같은 것이 한라산을 보호하는 방법이 될 수도 있다는 의견도 나오고 있다.

그 밖에 구체적인 방법으로 우마의 방목 금지, 등산객 수 줄이기, 한라산의 안식년제 제정, 등반객들의 의식 개혁, 새로운 등산로 개설 등등 여러 가지 생각이 나오고 있다. 그러나 중요한 것은 사람들이 산을 욕망 충족의 대상으로 생각하는 의식이 문제이다. 산과 인간이 공존하려는 생각보다는, 산을 통해서 어떤 방법으로든지 자신의 욕망을 충족하려는 그 의식 전환이 없다면 문제는 해결되지 않을 것이다. 산을 개발하거나 즐기는 문제는 인간 자신의 그 욕망을 버리고 자연과 인간이 공존할 수 있는 논리를 터득하는 데서만 가능하다. 그렇지 않고는 인간이 산을 배반하는 결과가 되고, 그러면 한라산 또한 사람들을 외면할 것은 너무나 확실한 일이다.

한라산을 지키고 보호하는 일

산을 사랑하는 방법은 무엇일까. 그것은 어떻게 실천할 수 있을까. 대상을 사랑하기 위해서는 우선 그 대상을 알아야 되고, 알기 위해서는 그 속과 겉은 샅샅이 뒤져 봐야 한다. 그러기 위해서 산을 사랑하는 사람들은 우선 산을 자주 오르내렸을 것이다. 이런 사람들에게는 산을 사랑하는 일과 좋아하는 일이 하나가 되었다. 그런데 요즘 사람들은 산을 좋아하면서 사랑하는 데는 인색하다. 겉으로는 사랑한다고 하면서도 사실은 사랑하지 않는 사람들이 많다. 어쩌면 그들은 산을 그들의 필요에 따라 이용했을 뿐이다. 건강을 위해서, 울분이나 한을 풀기 위해서—. 그들은 산을 모르고서도 산을 값나는 물건처럼 선택하는 경우가 많다.

진정으로 산을 사랑하는 사람들만이 산을 오르던 그 시절에, 한라산을 좋아하고 사랑하는 사람들이 모여 '제주산악회'를 만들었다. 기록에 의하면(「한라산」 제주산악회) 그때가 1964년 7월 21일이다. 그리고 그로부터 2년 뒤에 제1회 월례 등반을 실시했다. 이때 산을 오른다는 것은 별난 사람들이나 하는 별난 일로 사람들은 생각했다. 이어 1967년에 지금은 온나라 사람들에게 알려진 '제주철쭉제' 행사를 주최하여 백록담 정상에서 가졌다. 그리고 1969년에 대한산악연맹에 가입했다. 그 이후 매년 철쭉제 행사를 개최하고

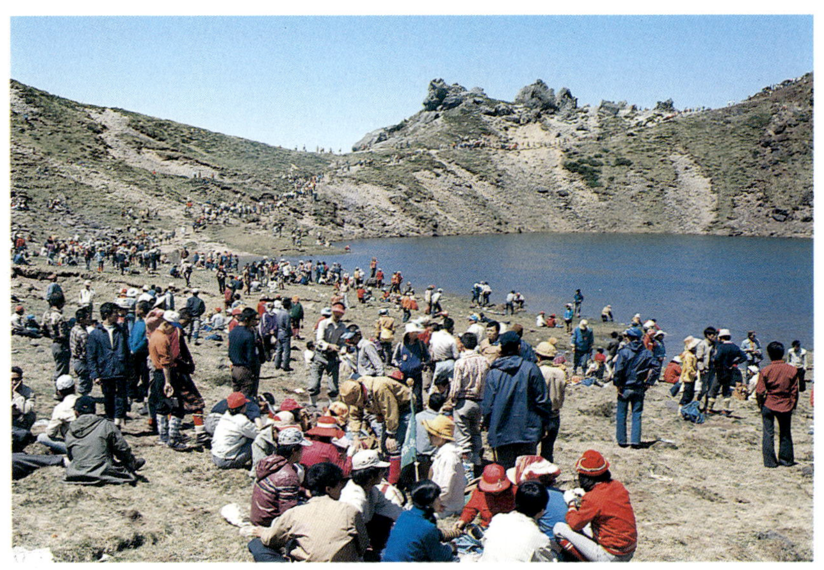

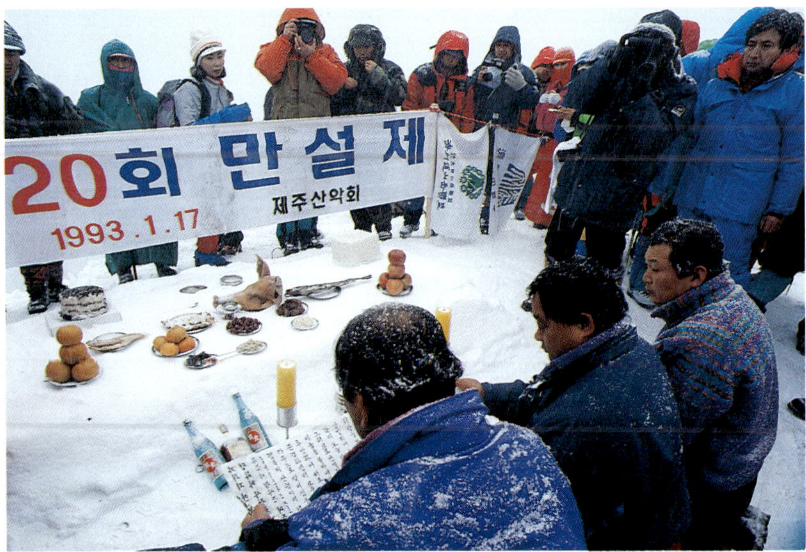

철쭉제(맨 위)와 만설제(위) 처음에는 산을 알리려고 제주산악회가 주최한 이 행사는
처음과 달리 지금은 산을 사랑하는 일이 무엇인가를 생각하면서 조용하게 지낸다.

있다. 이런 행사로 산의 즐거움을 맛본 사람들이 점점 산에 대한 관심을 더 가지게 되었고 등반을 생활화하게 되었다. 그리고 1974년에 제1회 만설제를 주최하여 어승생오름에서 가졌다. 그 이후 지금까지 이런 행사는 계속되고 있다. 특히 제주철쭉제는 세상에 관광 상품으로까지 알려졌고, 이 행사로 산이 몸살을 더 심하게 앓게 되었다. 그래서 산악회에서는 이 행사가 대중화되는 것을 꺼려서, 행사 규모를 축소해서 실시해 보기로 했다. 이제는 산을 사랑하는 사람은 산을 오르지 말아야 할 형편에 이르렀다.

제주산악회를 시발로 해서 이제는 대한산악연맹 제주도연맹에 가입한 산악회만도 15개 단체에 이르고 있다. 또한 제주산악인들은 여러 번에 걸쳐 해외 원정 등반을 해서 좋은 결과를 얻었고, 특히 고상돈 산우의 위업은 그들에게 큰 자랑이다. 한라산은 대부분 등반객에 의해서 훼손되고 있는 이즈음의 현실을 감안할 때 산에 대한 진정한 애정을 일반화시키는 데에 이들 산악인의 책임도 크다고 아니할 수 없다.

한라산은 겉으로는 아주 얌전하고 온순하지마는 때때로 심술을 피우듯이 산사람들을 당황하게 만든다. 대부분 한라산 조난 사고는 겨울철에 일어난다. 한라산 오르는 일을 대수롭지 않게 생각하고서, 산 아래 날씨만 보고 허술하게 준비하고 산행했을 경우에 일어난다. 그러나 아무리 준비를 빈틈없이 했다 하더라도, 산의 기후가 갑자기 변덕을 부리면 도리가 없다.

한라산은 그 지리적, 지형적 여건이 특수해서 겨울에는 날씨가 돌변하고, 여름 태풍이 발생하면 한라산은 그 영향권에서 벗어나지 못한다. 그로 인해 폭우가 쏟아지고 태풍이 몰아쳐서 사고가 일어날 위험이 많다. 더구나 한라산속의 하천은 대부분 마른 내이지만, 비가 내리면 갑자기 물이 불어서 급류가 범람하는 경우가 많다.

한라산의 조난 사고는 허술한 장비로 무모한 등반을 하는 경우에 일어나는 경우도 많지만, 전문 산악인들도 이 산에서는 장담을 하지 못한다. 그만큼 한라산은 무서운 산이다. 기록에 의하면 1936년 1월 1일 경성제대 산악부원인 일본인 마게가와 도시하루가 왕관릉 서쪽에서 실종된 사고가 산악인으로서는 첫 사고라고 한다. 해방 뒤에는 한국산악회 전택 대장이 하산 도중 탐라 계곡 깊은 눈을 헤치며 내려오다가 조난당했다. 의외의 기상 변화로 급류에 휩쓸려 조난당한 경우도 있다. 1962년 8월 2일, 전남대 오태근(당시 22세)은 태풍 로라가 본도로 다가온다는 기상 예보를 듣고서도 친구들과 함께 무리하게 산행을 감행했다. 정상을 오른 뒤 하산할 때는 태풍이 본도에 접근한 때였다. 하산하던 그는 물이 불은 계곡을 넘다가 급류에 휩쓸려 사고를 당했다.

조난 때문이 아니라 인간은 산에 대해 겸손하여 자신은 잘 살피고, 그것이 나와의 관계를 제대로 파악해서 사랑해야 한다. 한라산을 사랑한다는 것은 제주 사람들에게는 자신을 사랑하는 일이다. 이는 어떤 분리주의나 지방주의를 표방한 미화된 이념에서 하는 말이 아니다. 앞으로 언젠가는 이 산의 운명이 바로 제주 사람들의 운명과 맞물려 있음을 알게 될 것이다.

한라산의 의미

　지금까지 한라산에 대해 자연, 인문, 역사, 현실적 측면에서 생각해 보았다. 이런 것들은 모두 한라산의 참모습을 드러내 주는 데 얼마 만큼씩 기여한다.

　첫째, 한라산은 사람과 가까이 있는 산이다. 세계의 높은 산들은 인간 세계와 떨어져 있다. 산과 인간 세계는 항상 대립되는 개념으로 생각해 온 것이 동양적인 사고이다. 또한 산의 지리적 조건은 사람들의 삶의 조건을 직접적으로 채워 줄 수 없기 때문에 일정한 거리감을 유지해 왔다. 그러나 한라산만은 그렇지 않다. 옛날부터 지금에 이르기까지, 한라산은 사람의 삶의 현장과 아주 밀접하게 놓여 있다.

　둘째, 한라산은 내륙의 깊숙한 곳에 있지 않고, 바로 바다 한가운데 솟아 있다. 이것은 비단 지리적 조건의 문제일 뿐만 아니라, 산의 또 다른 면모를 시사하는 것이다. '산과 바다'라는 이 대립적인 관념을 한라산은 깨뜨려 놓고 있다. 바다를 거슬러 바다 가운데 솟아 있으면서 바다를 옆에 끼고 있다. 그것은 한라산의 운명이다.

　셋째, 한라산은 조선의 3대 명산으로 꼽히고 있지만 거기에는

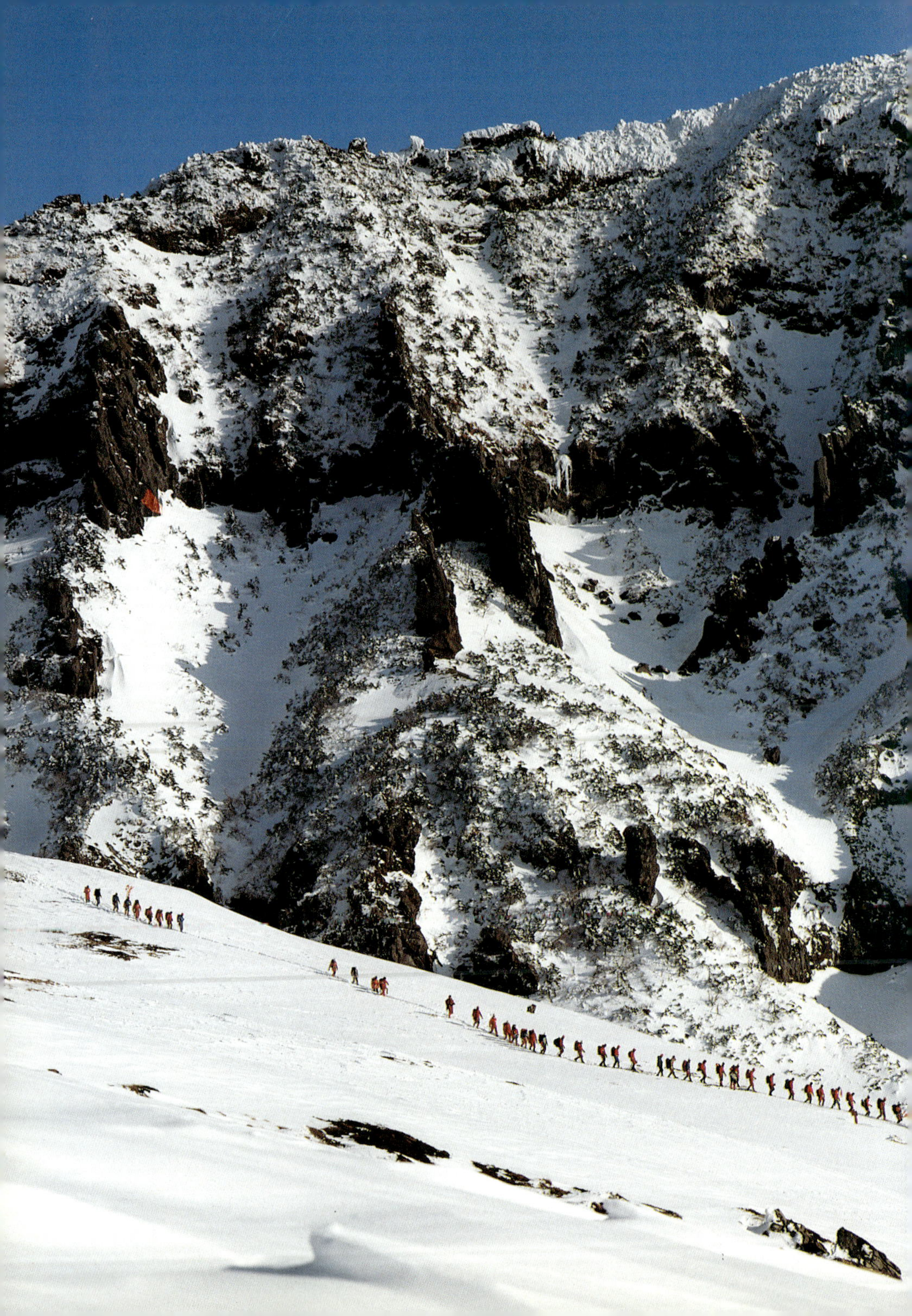

인간이 살아가는 데 직접적으로 필요한 자원이 없다는 점이다. 금이나 은이 있는 것도 아니고, 석탄이나 철광이 있는 것도 아니다. 곧 한라산은 그 속에 아무것도 묻어 두지 않고 있다. 모든 것은 겉에 내놓아 버렸다. 한라산이 명산이 된 것은 그 외모의 아름다움 때문일 것이다. 그 점은 보다 현실적이고 직접적이다.

넷째, 한라산은 많은 이질적인 것을 한꺼번에 포용하고 있는 특별한 산이다. 그것은 제주 사람들의 삶의 양식 또는 제주 문화와 관련을 맺는다. 자연적, 지리적 조건에서도 서로 상반된 양면성을 다 포괄하고 있다. 식물 자원두 그렇다. 외래종이 많이 유입될 수 있는 지리적 조건으로 외래종이 많은 반면에, 제주에만 있는 희귀종도 많다. 철새도 많고 텃새도 많다. 기후도 온대로부터 한대까지 넓은 기후대를 형성하고 있다. 산의 외양도 그렇다. 얼른 보면 무미건조하고 단순하지만 그 변화는 무쌍하다. 산은 참 평화로운 면이 있는 반면에 화를 내면 더없이 무서운 폭군의 모습으로 나타나기도 한다.

한라산은 그 자신으로나 다른 외적인 상황으로나 이렇게 많은 이질적이고 대립적인 것들을 한꺼번에 포용하고 녹여 놓고 새로운 맛을 계속 이루어 내고 있다. 그것은 아마 영원히 한라산이 감당해야 할 과제일 것이다. 그러기에 한라산은 참 아름다우면서도 특이한 산이다.

산과 설원과 인간   산은 항상 인간과 함께 있다. 인간이 없는 산이나 그것을 무시한 인간의 삶, 그것은 얼마나 삭막한 것인가. 한라산은 제주도이고 제주 사람이고 그들이 이루어 놓은 삶이고 그 역사이다. 자연을 정복하기 위해 인간은 좀더 겸손해야 한다.

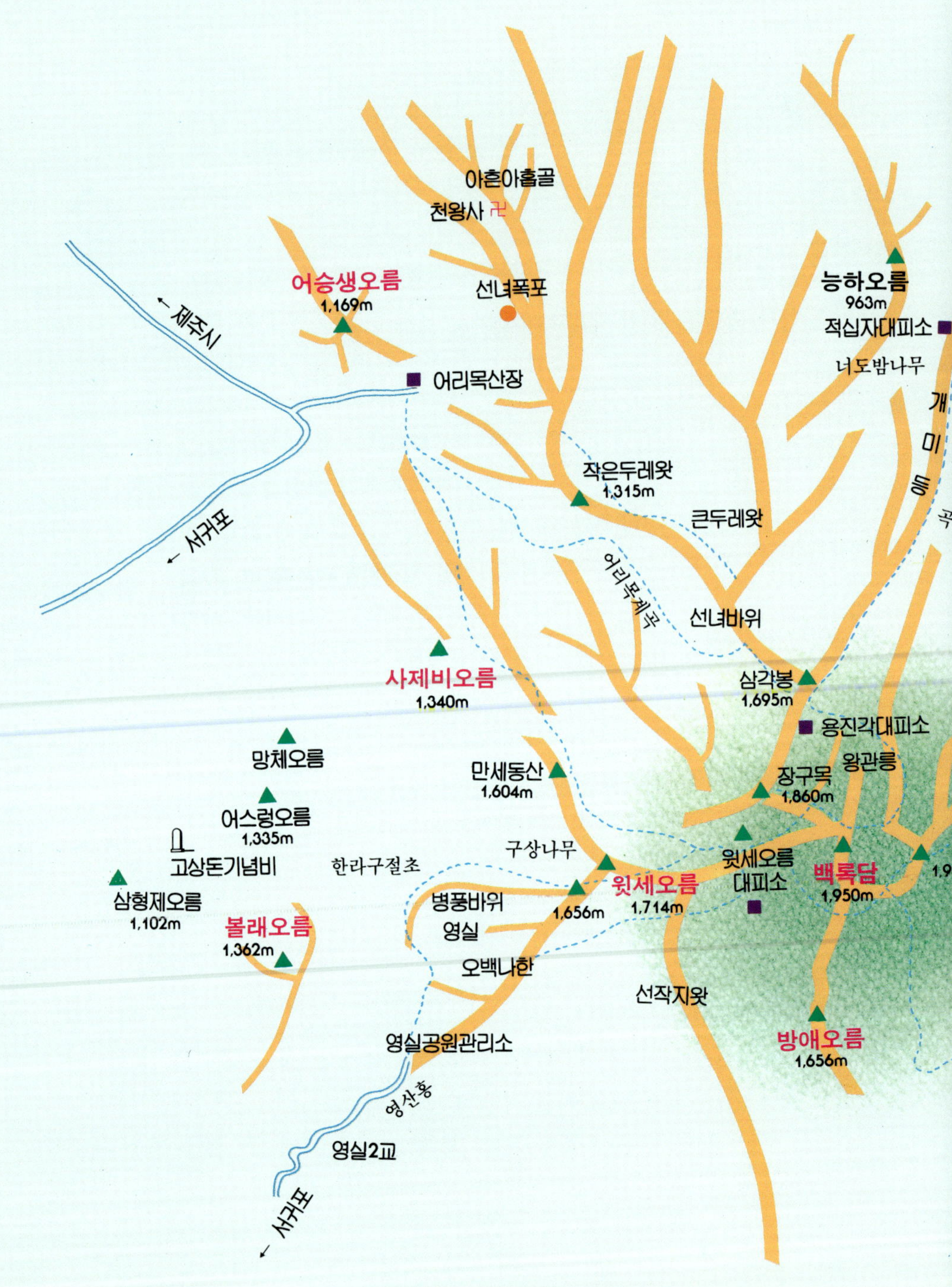
아흔아홉골
천왕사
어승생오름
1,169m
선녀폭포
능하오름
963m
적십자대피소
← 제주시
너도밤나무
어리목산장
개미등곡
작은두레왓
1,315m
← 서귀포
큰두레왓
선녀바위
어리목계곡
사제비오름
1,340m
삼각봉
1,695m
용진각대피소
망체오름
왕관릉
만세동산
1,604m
장구목
1,860m
어스렁오름
1,335m
구상나무
고상돈기념비
한라구절초
윗세오름
대피소
백록담
1,950m
삼형제오름
1,102m
병풍바위
영실
윗세오름
1,714m
볼래오름
1,362m
1,656m
오백나한
선작지왓
영실공원관리소
방애오름
1,656m
영산홍
영실2교
← 서귀포

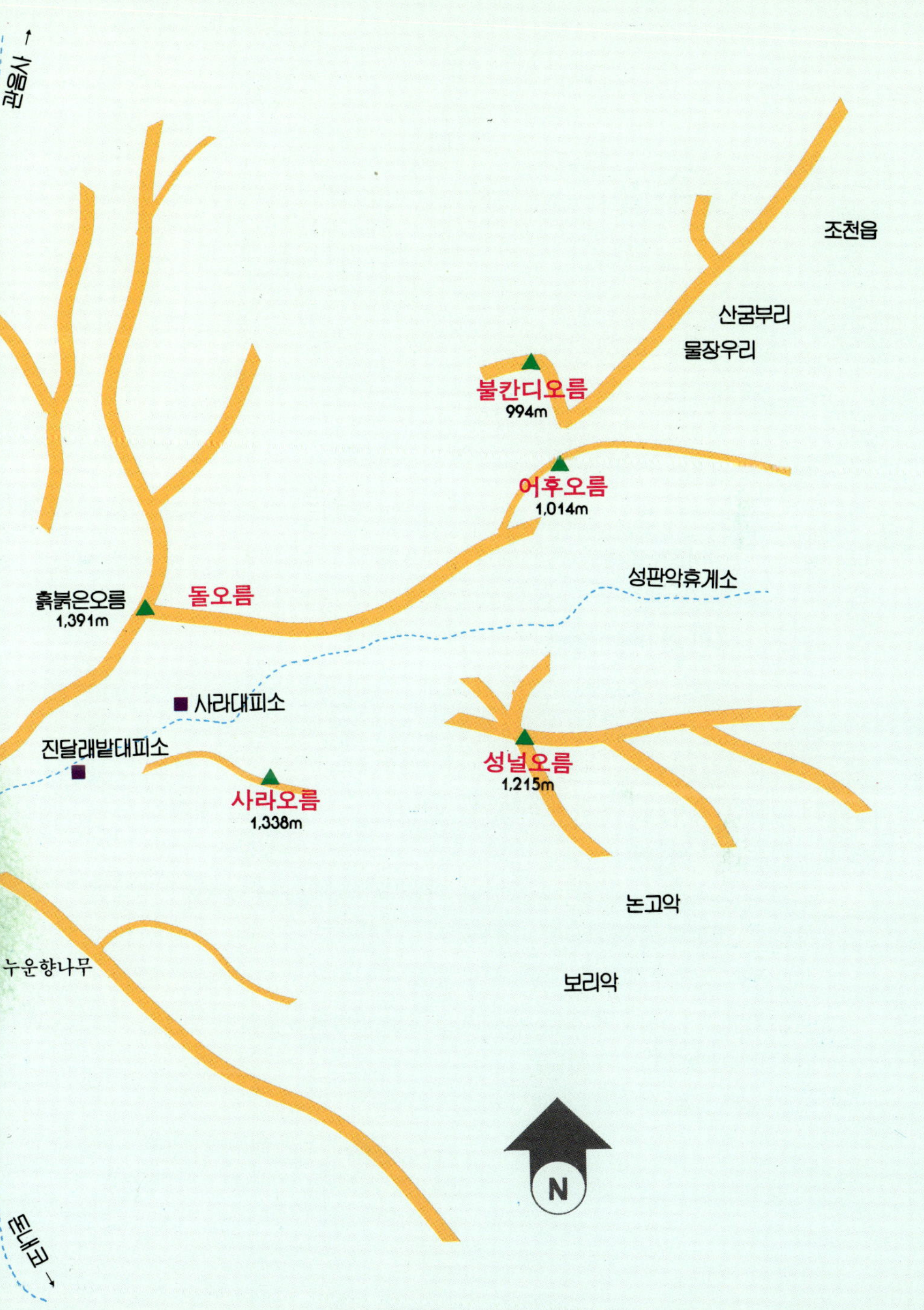
조천읍
산굼부리
물장우리
불칸디오름
994m
어후오름
1,014m
성판악휴게소
흙붉은오름
1,391m
돌오름
사라대피소
진달래밭대피소
성널오름
1,215m
사라오름
1,338m
논고악
보리악
누운향나무
N

맺음말

한라산에 대한 막연한 애정 하나만을 믿고 이 원고 청탁을 기꺼이 응했다. 그러나 이 글을 쓰는 동안에 한라산에 대한 내 지식과 이해가 극히 일부분이었음을 확인하게 되었다.

이 글을 쓰는 데, 김형옥 외 여러분이 참여해 마련한 '한라산 천연보호구역학술조사보고서'(제주도, 1985)와 김문홍 교수의 「제주시 불도감」(제주도, 1985), 제주산악회의 회지 「한라산」(1984), 그리고 일생 동안 한라산과 함께 살아온 고길홍 선생의 조언이 크게 도움이 되었다.

이 글을 감히 쓸 수 있었던 것은 제주와 한라산에 대한 무모한 내 애정의 힘이었음을 자랑하고 싶으면서도 아울러 그 점을 더욱 부끄럽게 생각한다. 글을 써 놓고 보니 진정으로 한라산을 사랑하고 한라산에 대해 더 많이 알고 있는 고향 여러분들에게 미안하고 부끄러운 마음이 그지없다.

빛깔있는 책들 301-15

한라산

글	—현길언
사진	—고길홍
발행인	—장세우
발행처	—주식회사 대원사
주간	—박찬중
편집	—김한주, 신현희, 조은정, 황인원
미술	—윤봉희
전산사식	—육양희, 이규헌
첫판 1쇄	—1993년 4월 30일 발행
첫판 5쇄	—2006년 3월 30일 발행

주식회사 대원사
우편번호/140-901
서울 용산구 후암동 358-17
전화번호/(02) 757-6717~9
팩시밀리/(02) 775-8043
등록번호/제 3-191호
http://www.daewonsa.co.kr

이 책에 실린 글과 그림은, 글로 적힌
저자와 주식회사 대원사의 동의가 없
이는 아무도 이용하실 수 없습니다.

잘못된 책은 책방에서 바꿔 드립니다.

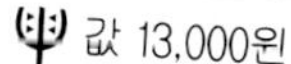 값 13,000원

Daewonsa Publishing Co., Ltd.
Printed in Korea(1993)

ISBN 89-369-0143-5 00980

빛깔있는 책들

민속(분류번호 : 101)

1 짚문화	2 유기	3 소반	4 민속놀이(개정판)	5 전통 매듭
6 전통 자수	7 복식	8 팔도 굿	9 제주 성읍 마을	10 조상 제례
11 한국의 배	12 한국의 춤	13 전통 부채	14 우리 옛악기	15 솟대
16 전통 상례	17 농기구	18 옛다리	19 장승과 벅수	106 옹기
111 풀문화	112 한국의 무속	120 탈춤	121 동신당	129 안동 하회 마을
140 풍수지리	149 탈	158 서낭당	159 전통 목가구	165 전통 문양
169 옛 안경과 안경집	187 종이 공예 문화	195 한국의 부엌	201 전통 옷감	209 한국의 화폐
210 한국의 풍어제				

고미술(분류번호 : 102)

20 한옥의 조형	21 꽃담	22 문방사우	23 고인쇄	24 수원 화성
25 한국의 정자	26 벼루	27 조선 기와	28 안압지	29 한국의 옛 조경
30 전각	31 분청사기	32 창덕궁	33 장석과 자물쇠	34 종묘와 사직
35 비원	36 옛책	37 고분	38 서양 고지도와 한국	39 단청
102 창경궁	103 한국의 누	104 조선 백자	107 한국의 궁궐	108 덕수궁
109 한국의 성곽	113 한국의 서원	116 토우	122 옛기와	125 고분 유물
136 석등	147 민화	152 북한산성	164 풍속화(하나)	167 궁중 유물(하나)
168 궁중 유물(둘)	176 전통 과학 건축	177 풍속화(둘)	198 옛 궁궐 그림	200 고려 청자
216 산신도	219 경복궁	222 서원 건축	225 한국의 암각화	226 우리 옛 도자기
227 옛 전돌	229 우리 옛 질그릇	232 소쇄원	235 한국의 향교	239 청동기 문화
243 한국의 황세	245 한국의 읍성	248 전통 장신구	250 전통 남자 장신구	

불교 문화(분류번호 : 103)

40 불상	41 사원 건축	42 범종	43 석불	44 옛절터
45 경주 남산(하나)	46 경주 남산(둘)	47 석탑	48 사리구	49 요사채
50 불화	51 괘불	52 신장상	53 보살상	54 사경
55 불교 목공예	56 부도	57 불화 그리기	58 고승 진영	59 미륵불
101 마애불	110 통도사	117 영산재	119 지옥도	123 산사의 하루
124 반가사유상	127 불국사	132 금동불	135 만다라	145 해인사
150 송광사	154 범어사	155 대흥사	156 법주사	157 운주사
171 부석사	178 철불	180 불교 의식구	220 전탑	221 마곡사
230 갑사와 동학사	236 선암사	237 금산사	240 수덕사	241 화엄사
244 다비와 사리	249 선운사	255 한국의 가사		

음식 일반(분류번호 : 201)

60 전통음식	61 팔도 음식	62 떡과 과자	63 겨울 음식	64 봄가을 음식
65 여름 음식	66 명절 음식	166 궁중음식과 서울음식		207 통과 의례 음식
214 제주도 음식	215 김치	253 장醬		

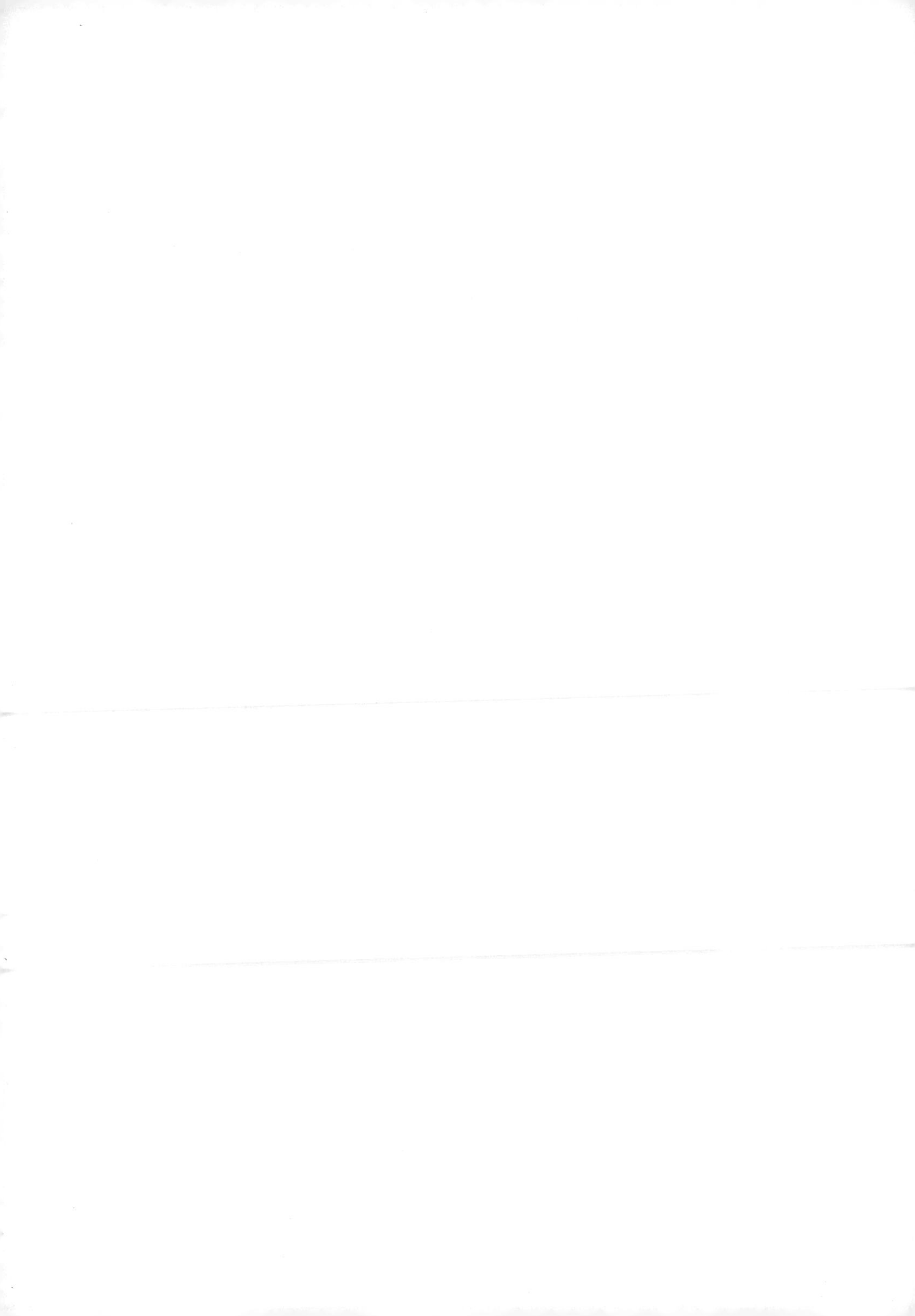